天
Borderless
下

天下，在乎正义和你

天
Borderless
下

面包香里读哲学

17堂奇妙的思想实验思想课

[法] 胡文·欧江 | 著
马向阳 | 译

法律出版社
·北京·

著作权合同登记号
图字：01–2020–2351

前言

伦理学的反教科书

这是一本介绍伦理学的书。

其中没有教导大家应该怎么生活的意图，也不想按年逐月介绍自古至今的道德思想。

本书小小的野心，是成为某种智识的工具箱，能让感兴趣的人用来讨论或争辩道德问题，不至于看到那些伟大的字眼（诸如“尊严”“美德”“义务”，等等）或崇高的原则（例如“永远不能只把人当作工具”）就手足无措。

要不是已经有人用了《翻转伦理手册》或《以知识对道德主义进行自卫的一堂课》，我也想给这本书取这样的书名。

此外，由于这是哲学读物而不是侦探小说，所以就算我“破坏悬疑的情节”，直接说出我的主要想法，应该不会有人反对。

我把这些想法用两个命题概括如下：

(1)有一种说法并不确实，那就是如果没办法把我们的道德信念建立在独一无二、不容置疑的原理上(神、自然、快乐、感情、理智等)，这些信念就没有任何价值。在伦理学的范围内，我们可以不需要“基础”。

(2)关于伦理学最理智的选择，是采取各种学说与方法并存的多元论。

我当然不是这种反基础主义与多元论的唯一支持者。〔1〕

但我可以说，自己为这两种理论的辩护具有独创性，我的方式几乎完全建立在对道德“料理”所需要的两个基本食材：直觉与推理规则，进行批判性的检视。

什么是道德直觉？

什么是道德推理的规则？

道德“料理”

有一些道德论点其实非常简单：好或坏、正当或不正当，表现出赤裸裸的评断，连尝试说为什么都没有，因为它

---

〔1〕 现代规范伦理学有很大一部分是从罗尔斯 (John Rawls) 得到启发，奠基于某种融贯论或反基础主义的认识论之上：Norman Daniels，dir.，*Reading Rawls. Critical Studies on Rawls《A Theory of Justice》*，Stanford，Stanford University Press，1989。亦可参见本书书末“词汇”中的“反思平衡”。此外，还有拉摩尔 (Charles Larmore) 为道德学说不可缩减的异质性辩护，*L'hétérogénéité de la morale*，chap. 4，*Modernité et morale*，Paris，PUF，1993，以及 Thomas Nagel，*Guerre et massacre* (1972)，dans *Questions mortelles*，trad. Pascal Engel et Claudine Engel-Tiercelin，Paris，PUF，1983，p. 69-92。

们看起来是那么天经地义。例如：

只要我们看见溺水的儿童，就会试着去救他。不把他救上来的举动真是骇人听闻。[1]

对这些直接的、发自内心的、视为天经地义的判断，哲学家习惯称为道德直觉。

有些道德论点则比较复杂。它们借由思想的关联，也就是道德推理的基本规则，把直觉与直觉连在一起。

因此，哲学家彼得·辛格（Peter Singer）——反对畜牧工业从不退让并因为这项抗争而闻名——为了揭露有钱人对结束世界上的饥荒与贫穷几乎什么都不做，提出了以下论点：

在对抗世界饥荒这方面，你们什么也不愿意给，就算有，也是少之又少，任由许多国家的儿童失去生命。你们的所作所为骇人听闻，就像眼睁睁看着池塘中溺水的儿童，任他们自生自灭。[2]

如果光是这个论点便足以说服众阔佬把自己的财富和他人分享，那就太令人震惊了。不过，该论点的结构倒是很有意思。辛格把两件事放在同一个道德层面来谈：一个是任由眼前的儿童淹死在池塘中；另一个是任由远方的儿童

[1] Peter Singer, *Sauver une vie. Agir maintenant pour éradiquer la pauvreté* (2009), trad. Pascal Loubet, Paris, Michel Lafon, 2009, p. 18.

[2] Peter Singer, *Sauver une vie. Agir maintenant pour éradiquer la pauvreté* (2009), trad. Pascal Loubet, Paris, Michel Lafon, 2009, p. 17–26.

饿死在某个国家，并且表示这两种行为都很骇人听闻。我们当然能对这种比较提出异议，但其中引起我注意的是，它暗示性地援用了道德推理的基本规则之一，那就是必须用相似的方法处理相似的事件。

事实上，复杂的道德论证一直具有差不多相同的形式。一部分奠基于单纯的直觉，告诉我们什么是好或坏、正当或不正当；另一部分建立于道德推理的规则，告诉我们如何运用这些规则。

直觉与推理规则是道德“料理”的两个基本食材。我们怎么可能深入了解道德思想，却不对这两项食材进行系统性分析，也不尝试回答它们提出的哲学问题？

那么又是哪些问题呢？

关于规则与直觉的问题

在基本的道德推理规则中，有三条特别著名。“应该蕴涵能够”（或说“办不到的事别强人所难”）、“不能因为事情是怎么样，就说它应该怎么样”（或说“不应该混淆事实判断与价值判断”）以及“必须用相似的方法处理相似的事件”（或说“差别待遇不公平”）。

我们也能想想是否还有其他的规则，它们是不是够清楚、够明确，彼此之间是否一致，是否属于某种无懈可击的“教条”，或者是可以辩论的命题。

至于道德直觉也存在许多问题。我们要怎么认出这些直觉？它们在世界任何一个角落，对任何一个人都如此，还是会因为社会与个人的不同而有差异？这些直觉是与生俱来还是后天习得？或两种情况同时存在？它们纯属情绪上的反应，还是不一定含有情感而只是自发性的判断？道德直觉在支持重要的道德理论时，扮演了什么角色？

为了尝试回答这些问题，我大量借助所谓的"道德实验哲学"。

什么是道德实验哲学？

道德实验哲学是一门仍处于建立阶段的学科，它包含了对人类和动物社会所做的道德规范起源的科学研究，以及对这些规范的价值所进行的思索，然而目前我们还无法确切知道它会朝着哪个方向前进，也不知道它对哲学有哪种性质的贡献（如果有贡献的话）。[1]

对这门学问最富热情的倡导者，认为它是革命性的研究形式，因为它转向自然科学，试图找到方法来厘清或解决

〔1〕 Kwame Anthony Appiah, *Experiments in Ethics*, Cambridge, Mass., Harvard University Press, 2008.

哲学的传统问题。[1]

也有其他不那么热情或说更精明一点的倡导者，倾向于认为，这种类型的研究并无新颖之处。在他们看来，道德实验哲学只是重新为自然科学与哲学建立起彼此的关系，以前它们就有过十分牢固的关联，根本不应该中断，而且正因如此，人类的知识才得以进步。[2]

这种关乎观念史（或思想史）的争论，我不会涉入其中。我感兴趣的是，道德实验哲学提出五类经验数据，可以为道德的反思作出贡献：

（1）对个人与大众的道德直觉进行调查研究。

（2）对个人与大众的道德推理进行调查研究。

（3）就人性的慷慨与残酷进行实验研究。

（4）就儿童的道德发展进行心理研究。

（5）与道德体系多样性有关的人类学报告。

我认为以下的情形颇为荒谬，那就是事先判定上述研究工作对厘清道德哲学的问题完全派不上用场，因为这些研究针对的是事实，而不是价值或规范，并且认为在事实以

---

〔1〕 John M. Doris et Jesse J. Prinz, Compte rendu de Kwame Anthony Appiah, *Experiments in Ethics*, Notre Dame Philosophical Reviews, 10 mars 2009. 就像任何一种研究科目都会动员两位以上的学者，道德实验哲学也分出好几派。我介绍这个学科的方法一点也不正统，所以我不建议任何学生在考试的时候使用我的方法（不过在法国没有这一科可考就是了）。

〔2〕 阿皮亚（Appiah）认为，霍布斯（Hobbes）、笛卡儿、洛克（Locke）或休谟（Hume）的方法就属于这一类型：Appiah, *Experiments in Ethics*, *op. cit.*, p. 7-11。

及价值或规范之间，有一道无法逾越的鸿沟。

某些哲学家认为，科学研究与道德反思之间的对立，已经不再值得讨论。这个教条死了。[1]其实不用说到这种程度。我们可探讨这样的对立指的究竟是什么，并让它接受批判性的检视。

---

〔1〕 Hilary Putnam, *Fait/valeur : la fin d'un dogme et autres essais* (2002), trad. Marjorie Caveribière et Jean-Pierre Cometti, Paris - Tel-Aviv, Éditions de l'Éclat, 2004.

导论

思想实验的作用是什么？

想象一下，大海中有艘救生艇被困在暴风雨中。小艇上有四个人和一只狗。

如果没有人愿意牺牲自己，或是不把狗扔下海的话，五条命都得死。

在道德上是否允许把狗扔进海里，只因为那是只狗，而不需要其他理由。[1]

各位的想法如何？

现在让我们做个假设，艇上那些人是逃亡中的纳粹分子，执行过野蛮的大屠杀；而那只狗是英勇的救生犬，曾在地震后帮助几十个人逃过死劫。

各位在评断他们留在救生艇的权利时，会不会因此改变了想法？

---

〔1〕 Tom Regan, *The Dog in the Lifeboat: An Exchange*, The New York Review of Books, 25 avril 1985.

为了我们自己这个物种无论哪个成员的利益，而牺牲其他动物生命的问题，不只是存在于道德想象中。一九八四年，美国有个新生儿患有先天性心脏缺陷，不久即将死亡，外科医生建议新生儿的父母为孩子移植狒狒的心脏。

手术完成后，新生儿活了下来，但只活了几星期。

这个事件因新生儿的名字而被称为"费伊宝宝"事件（Baby Fae），它引发了激烈的论战。

几个反对活体解剖的协会认为此事让人难以忍受，但原因并不是那名新生儿受到犹如白老鼠的待遇，也不是该手术逾越了人类与狒狒不同物种之间的隔阂。

而是大家竟然认为，牺牲聪明又有生命的动物，来挽救存活率渺茫的婴儿，是件理所当然的事。[1]

我相信大部分的哲学家，即使不是动物伦理学专家，也会认为"费伊宝宝"事件值得我们投入关注。

不过，说到思想实验，我觉得人们看法有很大分歧。

有些人会说，自己并不反对把虚构的故事运用在伦理思考上，但前提必须是内容丰富、态度开放的文学作品，它能引导读者意识到难度在于如何妥善提出道德上的疑问，而不是以特定模式，自行编写一些故事，等于预先告诉读者

---

〔1〕Claudia Wallis, *Baby Fae Stuns the World*, Time, 12 novembre 1984; Claudia Wallis, *Baby Fae Loses the Battle*, Time, 26 novembre 1984.

必须朝什么方向去寻找答案。[1]

为了了解我们和动物之间的道德问题，他们也许不至于表示大家更应该念《灵犬莱西》，而不是听那个有关狗和纳粹、略嫌荒谬的救生艇故事。不过想来也相去不远。

其他不接受这一类思想实验的哲学家，会说这些故事的内容太过抽象、离现实太遥远，绝对无法让人从中得出什么对人生有意思或有价值的东西。[2]

这两种论点都能成立吗？

太过贫乏？

每一个思想实验都是很短的故事，特地为了引起道德困惑而创作的。

由于故事单纯、简短，叙述清楚又不带有文学价值，所以任何有利于推进道德思考、对叙述元素进行操作的手法，都是可行的。

因此，我在救生艇的第一个剧本上加入少许修改，说了一些有关四个人和那只狗的背景，并不觉得有毁掉艺术品的罪恶感。这么做的用意是要在道德判断之中，衡量某个物种（人或狗）的重要性，以及某个个体（纳粹分子或其他

---

〔1〕 Martha Nussbaum, *La connaissance de l'amour* (1990), trad.Solange Chavel, Le Cerf, 2010, p.78.

〔2〕 Kathleen V.Wilkes, *Real People: Personal Identity Without Thought Experiments*, Oxford Clarendon Press, 1988.

一般人）各自具有的重要性。

以同样的方式分析《安娜卡列尼娜》或《包法利夫人》等文学巨著，可能起不了什么作用。

伟大的作品也包含“思想实验”，因为他们创造出一些人物，并且让他们面对道德处境十分复杂的假设情况，可是他们在道德省思上的贡献，只涉及作者所描绘的假设情况，有它自己的特殊性、细节与复杂性。[1]

如果我们简化了这些作品，就像维基百科或《给傻瓜读的文学》系列（La litt ature pour les nuls）摘写的情节，又如果我们变更了人物背景，并问出一些奇怪的问题，像是“如果包法利夫人是个男的或是变性人会怎样？”，又像是“如果安娜卡列尼娜是个清洁妇呢？”，可能就完全失去这些作品原本的意义。

简化的小故事当然无法像伟大的文学作品那样，扮演教化人心的角色。不过，小故事具有更明确的方式，来告诉我们什么是影响我们作出道德判断的要素，例如，是人重要还是狗重要，或是一个人的纳粹身份是否会影响我们。我认为这样的贡献不能忽略。

---

〔1〕 于是努斯邦 (Martha Nussbaum) 用下面这句话指出什么是文学中道德意味的特点：“正如詹姆斯所说，‘我们需要的，是对展现出来错综复杂的情景的描写’。”，《爱的知识》(*La connaissance de l' amour, op.cit.*, p.78)。〔译注：詹姆斯为美国小说家亨利·詹姆斯 (Henry James)〕

离现实太远？

大家批评道德思想实验太过抽象，离一般人在生活中所面对的难题太过遥远，它所提供的不过是毫无意义、思想上的消遣，把各种哲学观念当作自己的娱乐工具。[1]

大家对物理学的某些思想实验也有这样的评论。

在物理学的思想实验里，如果我们运用想象力，把一个和真实物体极不相同的虚构物，放在和真实情况极不相同的假设状况中，会得到什么？最好也就是科幻小说了。最坏呢，就是什么用处也没有的虚拟结果，连娱乐都谈不上。[2]

不过，伦理的思想实验和物理的思想实验，完全不是同一回事！前者的终极目标不是帮助我们更了解现实，而是让我们知道是否有什么理由来保存现实或改变现实。[3]

因此，详细描写动物的各个细节，对于激发思考的能力

---

〔1〕 Jeremy Waldron, *Right and Wrong: Psychologists vs Philosophers*, The New York Review of Books, 8 octobre 2009; Wilkes, *Real People: Personal Identity Without Thought Experiments, op.cit.*

〔2〕 Jacques Bouveresse, *Les expériences de pensée en littérature et en philosophie morale: Mach-Wittgenstein-Platon-Cora Diamond*, dans La connaissance de l' écrivain, Sur la littérature, la vérité&la vie, Marseille, Agone, 2008, p.115-122; Cora Diamond, *What if x isn't the number of sheep? Wittgenstein and Thought-Experiments in Ethics*, Philosophical Papers, vol.31, no 3, novembre 2002, p.227-250.

〔3〕 即便如此，但它似乎不会阻碍我们有意借由想象，进入远离现实的各种物理世界（变成隐形人或任意缩小身体），可是我们却没什么意愿凭着想象进入太过违反眼前道德的世界（以吊死儿童为乐或杀死女婴的世界）：Tamar Szabo Gendler, *The Puzzle of Imaginative Resistance*, The Journal of Philosophy, vol.97, no 2, février 2000, p.55-81。

很重要，但是当我们自问事物应该朝哪个方向发展的时候，这些描述就不够了。

举例说明，如果我们很严肃地认为动物并不是物品，那么它会牵涉到哪些方面呢？难道不该彻底断绝占有、买卖与宰食动物吗？

这会不会导致世界上再也没有非野生动物呢？而且，这是我们所期望的吗？

要是没有思想实验，我不知道怎样才能把那些复杂的政治与道德议题，看得更清楚。

再说，这个方法不是昨天或前天才出现的。最著名的道德思想实验，有可能是柏拉图在两千四百年前提出来的。

心理学与哲学

各位知道柏拉图说过的“盖吉斯之戒”（The Ring of Gyges）这个故事吗？所有读过一点道德哲学的人，大概都听过。有些人也许忘了，让我来为他们复习一下故事大纲吧。我知道研究柏拉图的专家可能会为了细节问题而不太高兴。

根据古代的传说，有个牧羊人，也就是盖吉斯的祖先，发现了一枚金戒指，戴上它的人要是把有雕饰的戒指正面转向掌心，就会变成隐形人，把那一面转出来则能让人重新看到自己。所以这枚戒指让人拥有任意隐形的力量，可以犯下天大的罪行也没人知道！

《理想国》第二卷中有个人物叫格劳孔（Glaucon），他要我们想一下，假设有一个正直的人以及一个不正直的人，都获得一枚盖吉斯的戒指，他们会做些什么。[1]

还有没有可能去说谁正直、谁不正直？他们的行为会不会从此变得一样？

正直的人依然诚实？他能克制自己，即使不会受到惩罚也不在店里偷东西？而且如果他还是一样诚实，不会因为戒指带来权利而趁机获利，那么人们又会对他产生什么真实的想法？除了不得不对他作出各种赞美之外，大家内心深处会不会觉得他是个傻瓜？

这些都是书中出现的问题。

乍看之下，“盖吉斯之戒”这个故事属于心理学的思想实验，因为它要求我们针对处在某种假设状况中的人，判断他会作出的行为。

我们可以说它具有准科学的形式。

让我们假设一下，把两枚这种能让人隐形、神不知鬼不觉犯下各种大罪的戒指，一枚送给老实人，另一枚送给不老实的人。

假设

老实人的所作所为和不老实的人一模一样。两人之间

〔1〕 Platon，*La République*，trad.Georges Leroux，GF-Flammarion，2004.

没有丝毫道德上的差异。

凭什么说这样假设是对的？

只有一个原因让我们克制自己老实做人，那就是怕被逮到受处罚。如果老实人再也没有被逮到受罚的风险，所作所为就会和不老实的人一样。

用这样的方式解读，柏拉图所提出的思想实验很像心理学的思想实验。

除了道德哲学方面的讨论，当犯罪学或经济学家在研究有人搭乘大众运输工具逃票或在百货公司偷窃的动机时，也会觉得这个思想实验很有意思。如果能够隐形，谁还会付车票或在百货公司付账呢？

可是当我们就这个思想实验进行全盘考虑的时候，才会发现它一点心理学的成分也没有。这是个概念的调查，研究什么叫作正直、诚实，或更广泛地说，所谓的正义是怎么回事。[1]这个实验其实是要显示，一个真正正直的人，不是因为害怕被逮到受罚才行事正当。

事实上，这个实验的目的不是预言身处某些假设情况中的行为，就像心理学家可能会做的那样，而是厘清何谓正当。

---

〔1〕 Diamond, *What if x isn't the number of sheep? Wittgenstein and Thought-Experiments in Ethics*, *op.cit.*

关于伦理学的思想实验，可以用来表明某个心理学的问题实际上是概念的问题。这也许是它的哲学功能之一。一旦了解这一点，与这个实验相关的各种事实层面的问题，就会变得可笑。例如："这个戒指的故事一点意义也没有。就算你戴上隐形戒指，不表示被偷的东西也是隐形的。如果这样就想在百货公司偷东西，别人会看见爱马仕的围巾或劳力士的手表朝着大门飘去。你以为别人不会觉得出了什么问题？还是你以为别人都是傻瓜？你还不是立刻就被逮住！"

再举个例子："这个问题不能一概而论。你问我要是老实人能够任意隐形，是不是就会变得不老实。这么回答你吧：因人而异。确实有些老实人因为偷窃或欺骗不会被捕，因而变得不老实。不过还是有人能一直老实下去，因为他受过良好的教育，又或者因为他还是害怕会被揪出来。没有关于这个人的过去、爱好、性向、职业等种种额外的信息，所有的预测都是白费工夫，只能随便猜。"[1]

第三种反对意见听起来似乎比较中肯："我们克制自己的不老实，只因为害怕被逮受罚，这种假设是毫无根据的说法。我们既没有证据，也没有其他理由能说明。所以这个假设不合理。"

---

〔1〕 Wilkes, *Real People: Personal Identity Without Thought Experiments*, *op.cit.*

不过我认为，如果必须做调查报告来检验这个假设能不能在经验上站得住脚，那么这个反对意见也会和前面的一样不恰当。

柏拉图的这个思想实验，最后是想给我们定义出道德概念，在这个例子中是：怎样的人才算正直。

不过我们可以为了其他各式各样的目的，构造出思想实验。

在目前的道德哲学领域，运用思想实验这个方法，目的是在确认我们的道德直觉是什么，并以此来断定能不能接受那些重要的道德学说。

标准程序如下：

（1）建构出奇特的处境以唤起我们的道德直觉。

（2）断定某个我们不喜欢的学说是错误的，因为它不符合我们的直觉。

让我感兴趣的正是这个程序。

三种设计道德的方法

义务论和后果论是目前在道德哲学中互争高下的两种主要理论。[1]

义务论（deontology 中的 deon 来自希腊文的“义务”）

---

〔1〕 Samuel Scheffler, dir., *Consequentialism and Its Critics*, Oxford, Oxford University Press, 1988.

从康德的学说获得重要启发。根据这个理论，我们的行动受到某些绝对的约束，这世上有我们永远不应该做的事："不说谎""永远不能只把人当成工具"，就属于这类约束。[1]

对后果论者而言，合乎道德不是盲目遵从这些约束，而是看重整体，让世界上产生最多的善或最少的恶。如果必须摆脱所谓的道德约束才能达到这个目的，那就这么去做，或至少试着去这么做。[2]

后果论当中最著名的是效益主义（功利主义），这一派学者认为善就是快乐，大家应该做的，便是为大多数人创造最多的快乐与最少的痛苦。不过我们可以是后果论者而不必是效益论者，只要不把善简化为快乐即可。

近年来，这两大理论正面临某个构想的回归与挑战，而该构想的年代更为久远，那就是德行伦理学，它从亚里士多德那里得到启发。[3]也有人称它为"卓越论"（aretaic，来自希腊文 arete，意思是"卓越"）。它主张道德上唯一重要的事，就是人格的完善，做个好人，个性要好，慷慨、仁慈、勇敢等；其余的，像是遵守伟大的原则，或为最大多数人谋最

---

〔1〕 Nagel，«Guerre et massacre»，*op.cit.*；Robert Nozick，*Anarchie, État et utopie* (1974)，trad.Évelyne d' Auzac de Lamartine，*reprise par Emmanuel Dauzat*，Paris，PUF，1988.

〔2〕 Scheffler，*Consequentialism and Its Critics*，*op.cit.*

〔3〕 Roger Crisp et Michael Slote，dir.，*Virtue Ethics*，Oxford，Oxford University Press，1997；Marcia W.Baron，Philip Pettit et Michael Slote，*Three Methods of Ethics*，Londres，Blackwell，1997.

大福利之类，都在其次。在德行伦理学中，道德并不只涉及与他人的关系，同时也有对自我的关切。道德必须推崇有节制的快乐，控制欲望与情绪等。

哪一种是最好的道德理论？有没有可能改善道德理论？这些理论是否有不同的版本？[1]哪一种说法最有道理？是不是应该接受与最大多数道德直觉一致的理论？

能不能因为与某个道德直觉不符，便摒除某个道德理论？就像如果发现一个反例，就可以推翻某个科学假设。

要否证“所有天鹅都是白的”这个说法，基本上只要找到一只黑天鹅（当然不是被某个调皮鬼染色的）就够了。

康德一派的伦理学说排除所有说谎的权利，就算是出于“人道”[2]也不行；如果要反驳这一点，是不是只要说，“某个残酷的杀手前来寻找藏在你家的无辜者，而直觉会允

---

〔1〕我为三大理论作了重点描述，应该能让大家理解它们根本上的差异。不过，只要有哲学家在讨论这些理论、为它们辩护，它们就有多少分歧。有些带着义务论的形式，但不承认行动具有绝对的约束，有点倾向于后果论。有些则带着后果论的形式，但试着强调某些强有力的约束会影响我们的行动，因此拉近了与义务论的距离。至于德行伦理学，本身已经带着好几种形式，某些形式甚至很难和后果论与义务论作出区别。无论如何，本书的目的不是深入检视这三种重要的道德理论与它们的源流，而是要分析“直觉”在任何一种道德理论的证成中所占有的地位。所以我不会进入所有细节的部分。我曾和塔波蕾 (Christine Tappolet) 在 *Les concepts de l' éthique.Faut-il être conséquentialiste ?* ，Paris，Hermann，2009 上尝试用图表尽量详尽地列出后果论与义务论的各种版本，并分析每个版本的来源。亦可参见 Scheffler，dir.，*Consequentialism and Its Critics*，*op.cit.*，书中朴实的评论，清楚呈现了这些道德理论的实况。

〔2〕 Emmanuel Kant，*Sur un prétendu droit de mentir par humanité* (1797)，dans *Théorie et pratique.Droit de mentir*，trad.L.Guillermit，Paris，Vrin，1994.

许我们在这个时刻说谎”，就可以了呢？

为了反驳效益主义一派的伦理学说，是不是只要说，“我们的道德直觉不允许我们为了救很多条人命，去绞死一个无辜者”，就够了呢？

要把德行伦理学重新打回过时的道德思想，是不是只要说，“直觉要我们别把关心别人与关心自己、谋杀与自杀，以及更广泛地说，不要把伤害他人与伤害自我，放在同一个道德平面上”，就可以了呢？

必须让思想实验民主化吗？

哲学家要摒弃某个道德理论，除了说它“荒谬，和我们的共同直觉背道而驰！”[1]，通常找不到更好的方法。

但我们不能光说这样的反对有道理，因为重点在于指出什么叫作“共同的”直觉。许多哲学家满足于“我们”认为、“大家”认为、“大部分的人”认为、“没有人”不认为，这类含糊的说法，而不去看看是不是只有他们和几个哲学系的同事才这么认为。

必须说的是，哲学家这样做，并不表示思考的不严谨。有些人确实认为，要诉诸所谓的共同直觉，不需要提出具体的或社会学的证据。

---

〔1〕 Appiah, *Experiments in Ethics*, *op.cit.*, p.78-82.

他们也可以认为自己所讨论的观念，参考的不是大多数人的自发性判断，而是“明智的”“信息充分的”“对道德议题敏感的”人，他们有能力“消除个人的私心与偏见”，进而作出“完善的”判断。[1]

要知道长久以来，道德哲学一直有精英主义的传统，精英有能力就伦理的领域发表意见，他们的“直觉”在任何道德论战中都必须受到重视。[2]可是为什么“道德精英”的评断比任何人及所有人的评断更有分量？

另外，还有一种表达共同直觉的方式，一点也没有参考任何人及所有人的意见，而是直接说出要是不接受某些主张就不理性。[3]

然而，是不是真的所有有理性的人，所有信息充分、对道德议题敏感的人，都会接受这些主张？难道不应该进行具体而有系统的研究，来找出答案？[4]

由于心中怀有这些疑问，对经验科学学科抱持开放心

---

〔1〕 T.M.Scanlon, *Rawls on Justification*, dans Samuel Freeman, dir., The Cambridge Companion to Rawls, Cambridge, Cambridge University Press, 2003, p.140.

〔2〕 这个传统起自于柏拉图的哲学家——国王，直到罗尔斯纯理性与合情合理的评判者。David Copp, Experiments, Intuitions, and Methodology in Moral and Political Theory, texte présenté au *Molyneux's Spring Seminar on Intuitions*, University of California, Davis, 2010, p.1–49, et au séminaire de l'ANCO-CERSES à Paris 5-René Descartes en juin 2010. 此外，这种精英传统一直认定有些人不适宜提出完善的道德评断，将他们排除在外：女人、穷人、年轻人、非西方人、非白种人等。

〔3〕 Scanlon, *Rawls on Justification*, *op.cit.*

〔4〕 Appiah, *Experiments in Ethics*, *op.cit.*, p.80.

态的哲学家，开始对社会学家与心理学家的部分工作产生兴趣。这些研究针对的是自发的道德判断，对象包含了各式各样的人——几乎世界各地都有，无论是哲学家或非哲学家，来自不同的年龄、性别、教育水平、宗教信仰、语言、文化以及社会阶层。

他们尽可能向很多人提出奇怪的问题，是那种专业哲学家会向自己（也向其他哲学家）提出的问题：[1]

“是否可以杀掉一个人，取走他身上的器官，以拯救其他五个等待移植手术者的性命？”

“是否可以让即将使五个人丧命的电车改变路线，驶上支道，只辗死一个人？”

“有没有不造成任何伤害的乱伦？”

“用国旗洗马桶是不是不道德？”

于是乎产生了道德实验哲学！[2]

针对行为的实验

道德实验哲学关心的不只是各种思想实验，也对各种行为的实验感兴趣，后者会使它遇到不同的障碍。

就思想实验而言，无论哲学家的想法，还是一般人的聪

〔1〕 某些这方面的实验以互联网进行，对象达到好几千人：Steven Pinker, *The Moral Instinct*, The New York Times, 13 janvier 2008。

〔2〕 Appiah, *Experiments in Ethics*, *op.cit.*; Joshua Knobe et Shaun Nichols, dir., *Experimental Philosophy*, Oxford, Oxford University Press, 2008.

明想法，都不会产生任何道德困境。

某个驾驶员拒载路旁因车祸而大量失血的伤者，因为会把全新的皮座垫弄脏。[1]这样做对不对，每个人的想法都一样。

我们可以对很多人提出这个问题，通常他们会平静地告诉你答案，如果他们愿意花一点时间的话。

但如果要去看看实际上大家怎么做，这时所谓“道德”或“不道德”的行为，就不是那么容易处理了。

安排一个场景来检验驾驶员在经过因车祸而大量失血的伤者前面时，到底会怎么做，可不是件没有风险的事。

宁愿守着全新皮座垫也不要救人一命的驾驶，面对自己出丑的情况会有什么反应？这个实验对他来说一点也不好玩。

进行行为实验来检验关于“人类天性”的假设，这种想法由来已久。

康德很喜欢这么做，但他也许不是很在行。他有一个假设是，说一个女人老（出于客观）比说她丑（出于主观），会让她气得比较久。[2]

---

〔1〕 出自 Peter Unger，*Living High and Letting Die*，Oxford，Oxford University Press，1996。

〔2〕 他确实对他几个姊妹做过这个实验，要是放在今天，他可能因为精神施暴而吃上官司：Louis Ernest Borowski，Reinhold Berhnard Jachmann et Ehrgott André Wasianski，*Kant intime*，dir.，trad.Jean Mistler，Paris，Grasset，1985。

我们可以说，对所谓“道德”或“不道德”的行为进行实验性的研究，属于一整套调查计划，目的是检验与道德相关的假设，但是它所关注的重点更明显，采用的方法也比较严谨、比较尊重个人。

对道德哲学家来说，这个科学计划会有什么意思？根据某些研究者的意见，这些有关行为的实验，可以帮助道德哲学把最不实际的理论排除出去，因为那些理论完全没有考虑到“人类天性”。[1]

不过，这些实验能帮助我们摆脱各种关于“人类天性”的刻板印象。有些颇著名的实验显示，只需要一点小小的改变，人就能表现得像个魔鬼：一个穿着白色长袍的实验人员，以坚定、有礼貌的口吻向你下达命令，或是穿上全套行头扮演监狱警卫，你就随时能让其他人受罪了！

也有其他不那么有名的实验，朝着完全相反的方向进行。它们的结果显示，同样只需要一点小小的安排，我们就跟圣人差不多了：闻到刚出炉的面包香能让你心情大好、即将到来的周末假期等。[2]

要就某个被认为是人类作恶（或行善）的“自然倾向”

---

〔1〕 Owen Flanagan, *Psychologie morale et éthique* (1991), trad. Sophie Marnat, Paris, PUF, 1996; Vanessa Nurock, *Sommes-nous naturellement moraux?*, Paris, PUF, 2011.

〔2〕 John M.Doris, *Lack of Character.Personality and Moral Behavior*, Cambridge, Cambridge University Press, 2002.

提出一套理论之前，也许最好关注一下那些看起来无足轻重的实验结果。

无论如何，这也是道德实验哲学要讨论的问题之一。

我在本书第一部提出的十七个实验，大部分属于道德实验哲学的“数据库”。

我还试着用同样的方法表现其他实验，希望它们日后能成为这类研究的对象。虽然到目前为止，还没有运用道德实验哲学的各种方法对它们进行探讨，但这是它们的使命。

对这些实验研究感兴趣的哲学家之中，有些人抱着毕恭毕敬的态度面对所有声称为“科学的”方法与结果（数据调查、就我们这个物种的自然史所作的思辨、神经造影技术等）。

有些人对规范性，也就是正当的和不正当的、我们想要的或不想要的这类议题完全不感兴趣。他们只记录生物、心理或社会现象，没有去想这些实例对于制定道德上可接受的规范能提供哪方面的贡献。

不过我认为应该有不同的方法来利用这些研究调查，既不会对调查结果失去任何批判的精神，也不会对规范标准弃之不顾。

目录

第1部分

问题、两难与悖论：十七个道德难题

第2部分

道德“料理”的材料

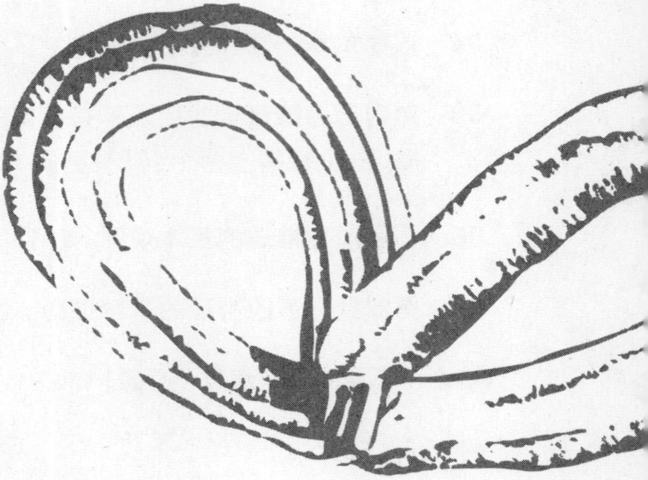

第一部分

问题、两难与悖论：十七个道德难题

Part One

01

题目列表

思想实验

首先我要介绍五个已经广受评论的思想实验:“紧急状况”“池塘中溺水的儿童”“失去理性的移植手术”“面对脱序的人群”“杀人电车”。

设计这些实验是要了解我们的道德直觉——也就是我们对什么是好或坏、正当或不正当的自发性判断——在什么情形下会比较接近义务论或后果论的伦理学,以及接近到什么程度。

我们会不会像个义务论者,绝对坚持对某些道德规范的无条件尊重,像是“不说谎”“永远不能只把人当作工具”?

还是比较接近后果论者,一心使这世上尽可能具有最多的善与最少的恶,即使违反某些规范也在所不惜?

这些思想实验也显示出,在我们的道德判断中,道德推理的基本规则有相当的重要性，例如“必须用相似的方法处理相似的事件”。

接下来的实验是“没有道德感的人”这个思想实验，是设计来让我们思考下面两个论点：要是大家都这么做呢？你希望别人也这样对你吗？道德哲学家使用这两个论点，来阻止这类人物破坏他们的道德世界。

“经验机器”“生命即使短暂平庸也比没出生要好？”“我宁愿自己没出生”，和最传统的道德议题有关：如何活着？怎样才算是值得活的一生？我必须立刻告诉各位，这些议题没有提出任何解答。

然后我会讨论动物的权利，内容包括上述关于人生值得一活的研究结果。这部分的起点是一组颇为著名、被称为“救生艇”的思想实验，目的是思考为何我们总是倾向于优先考虑我们这个物种的成员。

“效益怪物”把效益主义的论点推展到荒谬的程度，为这部分的讨论作结。

我对“有人把小提琴家绑在你身上”特别感兴趣，因为它显示出在道德辩论中运用思想实验的重要性。这种方法改变了针对堕胎进行哲学讨论时的用语。对堕胎的权利提出异议的哲学家，以胎儿也是人作为他们的思想据点，因此拥有生命的权利不能遭到质疑。这个实验所设想的状况，比较算是科幻小说而不是社会新闻，它能让我们思考即使胎儿是人，但自愿终止妊娠同样合理的可能性。或许可以把它视为在面对生命或生活质量受到外力威胁时，自我防卫的举动。于是这个议题变成自我防卫在怎样的情况下才算合理。

我在“卫生部长是科学怪人”中，集合了一整套和人类本质的未来有关的假设，指的是某些科学计划确实付诸实现的情形（复制人类、就人类的身体与智力程度进行基因改良、冷冻卵子等）。我的目的是测试，人们主张“把大自然当儿戏”或说“把自己当上帝”的这些论点，能不能站稳阵脚。面对这一系列思想实验所产生的反应，也能评估我们在这个领域使用“滑坡论证”的倾向。

“没有我自己的器官，我是谁？”从道德的角度讨论个人认同的问题。我们对“责任感”与人类“尊严”的观点，我们在个人、身体以及构成身体的器官与粒子之间所建立的关系，以上种种的蕴涵是什么？

为了不与我之前所关注的哲学议题失去任何关联，我会提出一个关于性行为的思想实验。目的是要重新讨论，我们倾向把产生性关系的原因分成不同的等级，并且把爱情放在最高的一级。

最后我会提出两个思想实验：“有意行善要比有意作恶来得难”“就算未来全都白纸黑字写下来了，我们仍然是自由的”，用意是挑起我们的直觉，看一看我们实际上的自由度如何，以及“意图”这种观念在道德上的重要性。借此，我会得出某些结论，以表现形而上学的思想实验与伦理学的思想实验之间的差异。

针对行为的实验

目前，在道德哲学的领域中，针对行为的实验只有一个目的，就是对德行伦理学进行评估，这个古老的构想来势汹汹，进入了当代的道德辩论。德行伦理学主张，世上具有足堪表率的道德“人格”，无论身处何种环境都能保持下去。不过各种行为实验似乎显示出，这样的“人格”并不存在。所谓稳定而符合标准、不因情况而改变、“坚如磐石”的人格，应该是找不到的。

因此，认为“恶人”或“圣人”也能出现在童话或传说以外的地方，大概只是幻想。

某些毫无价值，甚至微不足道的因素，就能让我们的行为变得“合乎道德”（帮助他人、利他、热心、慷慨等），或是“不合乎道德”（粗暴、残忍、羞辱之类的毁灭型行为）。

关于毁灭型行为，我采用的实验颇为著名，这个实验由米尔格兰（Stanley Milgram）主持，目的是揭露服从权威的心理机制。它算是最早出现的几个实验之一，但至今仍保有它的权威性（最起码得做到这一点）。

金巴多（Philip Zimbardo）曾做过另一个实验，也具有相同的精神。他请一些志愿者扮演监狱警卫的角色，目的是想了解志愿者会以怎样的程度，又是在多短的时间之内，表现得和狱警一样糟。[1]实验结果让人乐观不起来。有些志愿者不需要多长时间就变成了残忍的虐待狂。我们在所有被称为“真人秀”的节目中，都能找到这个实验的影子。

不过我没有把那个实验收录在书中，不是因为它特别令人沮丧，而是因为有米尔格兰的实验就够了。

关于帮助他人的行为，我会举出几个小实验。最没有名气的那一个，但绝不是最无聊的，它研究热面包的香味对善良人性的影响力。

由于我觉得大家对这个实验谈论实在太少，所以用这个实验的名称作为我的书名。

这些实验在哪种程度上触及德行伦理学呢？（对这个领域感兴趣的）每个人都会这么问。

最后还有一点，算是美学而不是观念上的说明。我对这些实验研究所贡献的篇幅，长短不一，可能会让爱好平衡与和谐的人士感到震惊。有几篇很长，有几篇很短，还有一些介于两者之间。要说明为什么有些篇幅长，比说明为什么有些篇幅短来得容易。

“杀人电车”激发出很多不同的版本，有一些甚至非常

---

〔1〕 C.Haney，W.Banks et P.Zimbardo，*Interpersonal Dynamics of a Simulated Prison*，International Journal of Criminology and Penology，1，1973，p.69-97.

古怪。电车难题引起了大量的研究与讨论（网络上能找到几百万条讯息），有些内容设计得十分复杂，只有少数的内行人士才能跟进。我们几乎可以带着讽刺的口吻但不无道理地说，又有一门新科学产生了：电车学。[1]我对这个实验的检视长度，足以反映此一“学科”的热门程度。

除了长篇报告之外，我也会用简短的篇幅描述一些其他的实验，并提出同样简短的问题，但这并不表示该实验所引起的讨论不踊跃。

有些例子我只想用来为一系列的实验作简要的引子或结语：所以“效益怪物”为有关效益主义的意见作结论，而“紧急状况”则是导入有关杀人与坐视他人死亡的一整个对立议题。

---

〔1〕 Appiah, *Experiments in Ethics*, *op.cit.*, p.89–101.

01

紧急状况

为了不让救护车上的五名重度伤员死去，可以因此让某个冒失的路人丧命吗？

一号剧本：见死不救

你正高速驾驶车辆往医院冲去，车上载着五个爆炸事件的重伤员。分秒必争！如果你浪费太多时间，他们就会死。突然你看见路旁有个可怕车祸的受害者，流了很多血。你大可以把他也救上车，如果不这么做，他必死无疑。可是如果你这么做了，就会耗掉不少时间，原来的五个人会死。你是否还是得停车呢？

二号剧本：撞过去

你正高速驾驶车辆往医院冲去，车上载着五个爆炸事件的重伤员。分秒必争！如果你浪费太多时间，他们就会死。突然你看见路中央有个冒失的行人穿越马路。如果你紧急刹车，车子会打滑，就要损失不少时间，你载的那五个人会死。如果你不刹车，就会撞死那个行人。你是否还是得刹车呢？[1]

设计出这个实验或对该实验作出评论的哲学家，他们假设大多数人会认为这两种情况在道德评价上并不相等。

司机对路旁的伤者见死不救，或是撞死一个行人，即使这两种情况所造成的后果一模一样，大家会用比较宽容的态度对待前者。

这种道德处理上的差异性，是否有它的道理？

杀人与坐视他人之死，围绕两者之间的区别所产生的哲学讨论，给了我们几个尝试回答上述问题的方向。[2]

杀人与坐视他人之死

对某些后果论者而言，杀人与坐视他人之死，两者没有很大的道德差异，因为它们的结果相同：都有人受害而死。

支持德行伦理学的人士以及义务论者（尤其是康德的追随者），不同意这个看法。德行伦理学派认为，亲手杀死某人（或撞死某人），这种事只有非常可怕的人才做得出来；

---

〔1〕 实验出自 Philippa Foot, *Killing and Letting Die*, dans J.Garfield et P.Hennessey, dir., Abortion: Moral and Legal Perspectives, Amherst, University of Massachusetts Press, 1984, p.177–185。

〔2〕 接下来的分析出自拙著：La vie, la mort, *l'État.Le débat bioéthique*, Paris, Grasset, 2009。这个问题还有其他的表现方式：Martin Provencher, *Petit cours d'éthique et politique*, Montréal, Chenelière éducation, 2008, p.59–63，其中摘录了一段经典的论文，出自 James Rachels,《Tuer et laisser mourir de faim》。完整的论文由 Dominique Buysse 翻译，收于论文集：Marc Neuberg, dir., *La responsabilité.Questions philosophiques*, Paris, PUF, 1997, p.197–201。

但无论任何人，或几乎无论任何人，都可能因为疏忽或经过一番盘算之后见死不救，而这种情况在道德上并不是特别令人厌恶。[1]从这种看法可以看出他们对于杀人所持的严正反对，以及对见死不救的相对宽容。

不过，这个解释把杀人与见死不救两者之间的道德区分，转变为心理上的差异，这么做会给那些视道德与心理互相对立的人带来问题。

义务论者以意图为标准，区别什么是杀人、什么是见死不救。在他们看来，我们不能只根据结果来评估某个行动，而不考虑它的意图。否则我们就看不出来，抱着惩罚某人的意图（因为他欠债不还之类），用电锯把他切成好几块；以及为了保住自己的性命而逃离电锯杀人的可怕现场，弃受害者不顾，两者之间有什么不同。

正因意图在义务论者眼中具有道德上的中心价值，所以他们自然会认为把杀人与见死不救加以区分，是非常重要的事，而且他们不接受后果论者对这个议题所抱持的怀疑态度。

但在有些实验中，我们能清楚看出杀人与见死不救的

---

〔1〕 Judith Jarvis Thomson, *Physician-Assisted Suicide: Two Moral Arguments*, *Ethics*, Special Issue: Symposium on Physician-Assisted Suicide, 109, 3, avril 1999, p.497-518.

区别，要看出不同的意图比较难。[1]

1. 你迫不及待要继承叔父的遗产。这一天你发现他独自在家，因为心肌梗塞倒在浴缸里。医生也许还能把他救回来。你没有打电话给医生。显而易见，你并没有杀了叔父，你只是坐视他的死亡。同样显而易见的是，你希望摆脱他，好继承遗产。

2. 你迫不及待要继承叔父的遗产，开车把他撞死。显而易见，你并不想慢慢等他死，于是动手杀了他。同样显而易见的是，你希望摆脱他，好继承遗产。

第一个例子见死不救，第二个例子起而杀人，驱使这两项行动的意图一模一样，都是摆脱叔父来继承遗产。如果义务论者只讨论意图的层面，怎样才能把它们区别开呢？

让我们用更普通的方式思考，也就是把后果论、德行伦理学和义务论的各种解释放在一边。如果只要费一点力就可以不让任何人丧命，那么在这种情形下，杀人与坐视他人死亡之间是否仍有道德上的差异。

如果只要按下计算机上的一个按键就能挽救一名儿童的生命，那么对他见死不救与杀死这名儿童，这两种行为在

---

〔1〕 接下来是一个由雷秋尔（James Rachels）的例子所产生的变体。Euthanasie active et euthanasie passive (1975), trad.Marc Rüegger, dans Alberto Bondolfi, Frank Haldemann et Nathalie Maillard, dir., *La mort assistée en arguments*, Chêne-Bourg, Suisse, Georg éditeur, 2007, p.181-186.

道德上有什么不同?[1]

在这种情况下,连义务论者与德行伦理学拥护者也该承认,杀人与见死不救之间,不具有道德上的区别。

为了继续朝着这个方向前进——也就是说,为了显示出我们可以超越后果论者、义务论者与德行伦理学派,在面对杀人与见死不救之间所产生的意见冲突,让我们假设这个冲突并不取决于各派所支持的原则,而是看大家用什么观点来叙述这个行动。

事实上,哲学家探讨杀人与见死不救之间的区别时,通常站在行动者的角度,例如急着救人的司机、毫无顾忌的继承人,或是医生面对患有不治之症的末期病人。从这样的立场来看,杀人与见死不救的差别,往往是不容置辩的。

然而,如果我们把自己放在受害者或病人的角度来看,事情会呈现不同的样貌。这时要说杀人与见死不救之间有什么明确的道德区别,就不太容易了。

于是,对于无药可治却还想活下去的病人而言,无论是医护人员主动介入造成他的死亡,或是终止让他保留一口气的医疗设备使他因此死亡,没什么差别。因为病人两个都不要,他会认为两种做法都不对。从不想死的病人角度来看,所谓的道德差异是不存在的。

---

〔1〕 Tim Mulgan, *The Demands of Consequentialism*, Oxford, Oxford University Press, 2001.

对于无药可治也不想活下去的病人来说，恐怕也一样。无论是医护人员主动介入，或终止让他保留一口气的医疗设备，也都没有差别。因为都是病人想要的，他会认为两个都很好。从不想活下去的病人角度来看，道德的差异性同样不存在。[1]

如果这个假设是正确的，我们就要问：病人自己都不认为有什么道德的差异性，为什么对医生来说应该有呢？

〔1〕 Thomson, *Physician-Assisted Suicide: Two Moral Arguments*, *op.cit*.

02

池塘中溺水的儿童

你会怎么做来挽救一个儿童的生命？

你恰巧经过某个池塘，看见有个年纪很小的儿童在水中挣扎。他快淹死了。周围看不到他的父母，也没有保姆或其他路人可以上前帮他。你要救他可说是轻而易举。只要立刻跑过去，连衣服也不用换，把他尽快拉到池子边就行了。就算你不会游泳也无妨，因为池塘真的一点也不深，比较像是一个大水洼。当然了，这么做的话，就会毁掉你新买的好鞋子，而且上班会迟到。如果为了保有一双新鞋、为了不给自己造成工作压力而让那个小孩淹死，岂不是骇人听闻？

如果你的答案是肯定的，那么你应该也会认为，只要捐出收入的一小部分，就能救助贫穷国家的儿童，但是却不这么做，眼睁睁看着他们饿死，这也是骇人听闻的事。此处所涉及的就是相似的事件要求相似的反应。[1]

---

〔1〕 实验出自 Peter Singer，Sauver une vie.*Agir maintenant pour éradiquer la pauvreté*，*op.cit.*，p.17–26；这部分的讨论请参见 James Rachels，《Tuer et laisser mourir de faim》，*op.cit.*。亦可参见 Unger，*Living High and Letting Die*，*op.cit.*。

这个思想实验明显援用了道德思想中的两个基本观念：直觉与规则。

直觉的部分如下：

“可以轻易救人一命却见死不救是件可怕的事。”

推理的规则为：“必须用相似的方法处理相似的事件。”

规则运用如下：

如果伸出手就能挽救眼前池塘中溺水的儿童却见死不救是件可怕的事；那么，捐一点钱给乐施会就能让遥远国度的儿童免于饿死却袖手旁观，也是件可怕的事。

思想实验可以引导我们启用另外两个道德推理的基本规则。

1. “不能因为事情是怎么样，就说它应该怎么样”。

规则运用如下：

富人多半不会自愿奉献所得中可观的钱财去援助那些最穷的人，但不能因为这样，就说这样是对的或是好的。

2. “应该蕴涵能够”（换个更常用的说法：“办不到的事别强人所难”）。

规则运用如下：

要求别人把他们保留给自己和亲友的时间与金钱，奉献出可观的一部分给远方不认识的人，岂不是完全不现实？有谁会心甘情愿这么做？

总的来看，这个思想实验可以让我们去思考道德推理的三个基本规则。不过其中最主要的，是“必须用相似的方法处理相似的事件”。

请注意！

若是对道德直觉（“我们可以轻易救人一命却见死不救是件可怕的事”）的重要性、对规则（“必须用相似的方法处理相似的事件”）的适切与否产生怀疑，也是有可能的。

直觉

要指出袖手旁观他人身陷危难是个可怕的罪行，也就是说和凌虐他人再予以杀害相比，程度一样严重或更加严重，一点也不容易（尽管在这种特殊情况下，这是个很难辩护的原因）。

我们还能多加一句：没有人有义务表现得像个圣人，或是好心的撒马里亚人。如果帮助身陷危难之人要付出很大的代价，那么这项援助就不是必要的了。然而，如果怎样才叫作“代价太大”，可以由每个人自行论断，那么援助身陷危难之人的义务，就有趋近于零的可能。

规则

两个所谓的相似情况，能不能用相似的方法去处理，要看它们相似到什么程度。

例如，我们或许可以指出，有一件只有你才能做的事

(救出特定的儿童),和另一件很多人都可以完成的事(寄支票给为消灭饥饿而战的组织),把这两件事放在同一个层面上,不无荒谬。

那么,针对任两种情况是不是相似到能用相同的方法处理,是否可以找到一劳永逸的答案?还是说,我们最多只能掌握实用主义式的各个方案,去判断具体情境之间是否有足够的相似性,是否能用同样的方法处理?

有待解决的道德疑问

从道德上看,不援助某人是不是和损害某人同样严重?

见死不救等于不做好事,谋杀等于做坏事,两者是否可能放在同一个道德天平上?

不把眼前溺水的儿童救起来,与任由远方数千名儿童饿死,两者是否确实属于相似的事件?

在这两种情况中,我们是否负有相同的责任?

消极责任的难题

在效益主义者的眼中,就算我们个人没有在世界上作出任何导致饥饿的行为,但只要我们还能做些什么来改变它,就不能免除我们对这个情况负有的责任。这里所指的是消极责任，不过消极责任也算是一种责任。[1]

对效益主义的批评则认为，消极责任的想法掏空了责任这个观念的实质内容，因为它主张我们对于不是自愿或有意造成的情况也有责任。批评者只接受积极责任，也就是出于我们的意愿而造成的情况。

作为对上述批评的响应，效益主义人士强调，义务论这学说只接受积极责任，会造成极为荒谬的结果。

还有，康德表示人绝对不能说谎。他认为那是道德义务，既然是道德义务就不能接受任何例外。有个无辜的人藏在你家，他正遭到无情杀手的追击，当杀手来到你家门外，问你那人是否在你家，即使是在如此严峻的情况下，同样不能说谎。[2]

光是这样很难了解康德的立场，如果没有考虑到康德认为我们只对自己"有意"去作的行为负责。其他人利用我们对道德的承诺，所作出的不道德的行为，不能记在我们个人的道德账上。在上面那个特殊的处境中，我们对杀手的行为完全没有责任。况且我们不能确定，在我们介入之后杀手会做些什么；但可以确定的是，如果我们说谎就会污染我们的灵魂。

---

〔1〕 Singer, *Sauver une vie. Agir maintenant pour éradiquer la pauvreté*, *op.cit.*; Rachels,《Tuer et laisser mourir de faim》, *op.cit.*

〔2〕 Kant,《Sur un prétendu droit de mentir par humanité》, *op.cit.*

归根究底，正因为康德不接受消极责任，所以他能肯定表示必须永远说真话而不考虑后果为何。就算是面对无所忌惮的罪犯也是如此。

康德这个荒谬的，或至少是有违直觉的论点，是否让我们认为，必须接受消极责任这样的观念？效益主义者认为这个答案十分明显。

不过康德的论点真的那么违反直觉？恐怕还有待证实。

03

失去理性的移植手术

是否可以杀掉一个健康的人，把他的器官移植到五个极度需要移植的病人身上？

一号剧本

有位杰出的外科医生，他是器官移植专家，正为五个病人烦恼不已。他们要是再不接受移植，或许很快就会死了。第一个病人需要心脏，第二个是肾，第三个要肝，第四个等他的胃，第五个则是脾脏。少见的是，他们的血型都一样。碰巧我们这位外科医生看到一份档案，属于某个健康状况良好的年轻人，他有相同的血型。医生不用费什么劲就能让他安详地奔赴黄泉，摘除他的器官，造福自己的五个病人。

他该怎么做：让年轻人死，还是让另外五个人死？[1]

二号剧本

有位杰出的外科医生疲惫不堪，错开了某种药物给五

〔1〕 实验出自 Judith Jarvis Thomson，«Le problème du tramway» (1985)，trad. Fabien Cayla，dans Marc Neuberg，dir.，*La responsabilité. Questions philosophiques*，*op.cit.*，p.171−194。

个病人，结果在他们身上引起完全不同的病症：前两个人肾脏受损，第三个是心脏，第四个是肝，第五个是肺。

由于外科医生致命的疏忽，这些病人都需要立刻接受器官移植手术。如果肇事的医生找不到可以移植的器官，他就等于杀了这五个病人。

可是如果他牺牲那个年轻人，他就只杀一个人。

这个理由是否充分到能让医生在道德上允许自己牺牲那名年轻人？

经过全盘考虑，杀一个人和杀五个人比起来，前者不道德的程度比较低，不是吗？

设计出这些思想实验的哲学家假设，大多数人根据一号剧本会认为，如果外科医生牺牲了年轻人，就在道德上犯下可怕的罪行。他应该让那五个病人死。

而且，就算是二号剧本，大家应该也会认为牺牲年轻人是件骇人听闻的事。

在他们看来，要是外科医生找不到其他的解决方法，他就必须对那五个病人放手。由于该医生要对病人的状况负起全责，那就等于他杀了那五个人。换句话说，尽管他可以只杀一个人，但他仍然必须决定让自己杀那五个人。

不过，杀人要是比见死不救更严重，那么大家又如何才能在道德上得出杀五个人比杀一个人来得好的结论呢？

岂不是荒谬？

04

面对脱序的人群

为了避免屠杀，可以处死一个无辜的人吗？

一号剧本：脱序的人群

一大群愤怒的示威者来到法官面前。他们居住的小区里有人遭到残忍的谋杀，于是要求尽快把罪魁祸首找出来，并扬言要是再找不到，就要攻击当地的另一个小区，因为他们怀疑凶手受到该小区的庇护。凶手是谁，法官毫无头绪。为了避免城市一隅遭到破坏、众多市民被屠杀，他决定判处某个无辜的人有罪并将他处死。[1]

二号剧本：尽责的机师

在快要坠毁的飞机上，机师将飞机开向该地居民最稀少的区域，他知道自己一定会造成好几个居民死亡，但这么

〔1〕 实验出自 Philippa Foot，《Le problème de l' avortement et la doctrine de l' acte à double effet》(1967)，trad. Fabien Cayla，dans Marc Neuberg，dir.，*La responsabilité.Questions philosophiques*，Paris，*op.cit.*，p.155-170；亦可参见 Robert Nozick，*Anarchie, État et utopie* (1974)，trad. Évelyne d' Auzac de Lamartine，reprise par Emmanuel Dauzat，Paris，PUF，1988，p.47-48。

一来可以避免更多人受害。[1]

对很多哲学家而言，一号剧本能够加强我们的“义务论”直觉。

确实如此，有些事就算它的后果对自己或对整个社会有利，我们也不能做，这是义务论伦理学的枢纽。[2]

永远不能为了获得某个即便是好的结果，而只把人当作利用的工具，这个原则是上述构想的表达式。下面这个想法也是：我们在任何情况下都不能侵犯某些基本权利。

如果我们具有这类直觉，我们会带着某种程度的厌恶，排斥效益主义为了社会利益，把牺牲无辜者看作正当的行为。[3]我们会先验地，不需要其他论点，直接摒弃为了避免流血事件而处决无辜者的道德可能性。

二号剧本则与这些结论矛盾。在它所提供的处境之下，牺牲一小部分人以避免大量死亡，这想法似乎并不违背我们的直觉。我们极有可能把机师的做法看作理性的表现，甚至说那是他的道德职责所在，认为他以“负责任”的态度处理事件。

如果我们根据所有这些观点认为他做得正确，就代表我们的直觉不会总是站在义务论或反效益主义的那一边。

---

〔1〕 Foot,«Le problème de l' avortement et la doctrine de l' acte à double effet», *op.cit.*

〔2〕 Nozick, *Anarchie, État et utopie*, *op.cit.*, p.45–76.

〔3〕 *Ibid.*

这样的直觉可以给效益主义的看法增加不少道德价值的影响力。

不过反对效益主义的人士可能会说，我们绝对不会因为相信机师坠毁在居民较少的区域是正确的，倾向义务论的直觉就消失。并且他们会说，我们那些基本的、不可侵犯、不可剥夺、不可更动的权利，并没有在这种情况下受到威胁，但是如果把无辜者送上绞刑台就会。

处决一个无辜的人，就是侵犯了他的基本权利，例如，接受公正的审判、不能被虐待或在缺乏公开但被接受的辩护下被处死。可是当机师选择坠毁在居民较少的地区时，上述这些权利受到侵犯！

这就是为什么义务论者会认为——而又不自相矛盾——处决一名无辜者以保护众人的生命令人厌恶，同时在道德上允许飞机撞毁在居民较少的地区以减少伤亡人数。

如果我们拥有义务论的信念，那么处决无辜者以避免流血事件，会在原则上深深冲击这个信念。它和有些事我们永远不该做的想法背道而驰；不该做的事包含侵犯个人基本权利。可是法官也可能会说，正是因为他很重视这些基本权利，所以他决定处决无辜的人。他的考虑是：侵犯一个人的权利，是为了避免侵犯更多其他人的权利。要是城市里的一隅被破坏、居民惨遭屠杀，基本权利受到侵犯的数量会很庞大，总之比处决一个无辜人士大得多。法官认为自己的所作所为是正当的，因为他已尽力把基本权利受到侵犯的总数化为最小。我们能不能因为这样而谴责他？

其实我让法官说出了“后果论”的论点，这些论点以效益主义的看法为基础，当然法官可能不是道德哲学的专家（而且也不需要是）。[1]

根据这些论点，大家该做的就是把好事最大化，或把坏事最小化，至于什么是好事、坏事，那是另一个问题。效益主义者所做的，就是详细界定这个原则。他们说好事就是快乐，良好的身心状态，大家的爱好获得满足；坏事是痛苦、悲惨的状态，大家的爱好无法满足。然而，后果论者完全可以将好事定义为尊重权利，把坏事定义为侵犯权利。对他们来说，良好的态度就是最大限度地尊重权利，以及最小限度地侵犯权利。[2]

正是这类想法让反对后果论的人士大叫！他们认为光是想到要作出这方面的盘算，就足以让接受盘算的想

---

〔1〕 Jean-Cassien Billier, *Introduction à l' éthique*, Paris, PUF, 2010; Ruwen Ogien et Christine Tappolet, *Les concepts de l' éthique.Faut-il être conséquentialiste?* , Paris, Hermann, 2008.

〔2〕 Nozick, *Anarchie, État et utopie, op.cit.*, p.48.

法失去道德的可信度,[1]证明那些人的心灵像安斯康姆(Elizabeth Anscombe)所写的那样,早已"腐化"。[2]安斯康姆提出下面这个思想实验,表明她不带好感的评论:

想象一下有十个船难的受害人,攀附在大海中一块礁石上,没有饮水也无食物。一段距离之外,有另一个受害者也抓住了一块礁石,同样是没水没食物。要是短时间内救援再不来,这些人都会死。有艘船开进这个海域,船驾驶只有足够的时间让他援救那十个人,或是另一处的那个人。假设他并非出于某种道德卑劣的理由(例如落单者是白人而另外十个是黑人、驾驶员是有种族歧视的白人之类),决定去救落单的那个而不是其他十人。那么他选择救出一个而不是十个,算不算做了什么错事?[3]

---

〔1〕 G.E.M. Anscombe, *Modern Moral Philosophy*, dans Ethics, Religion and Politics.Collected Philosophical Papers.Volume Ⅲ, Oxford, Basil Blackwell, 1981, p.26-42. 安斯康姆完全排斥后果论这种以计算的眼光看待人类世界的方法,但这不表示她因而认为永远不用考虑我们的行为会带来什么后果。我想,也许可以这么说,她辨识出后果论如同某种通论,它会预先决定什么在道德上是恰当的 (她排斥这种想法),以及在特殊的处境中预先注意到结果 (她接受这种态度)。对后果的谨慎评估,以及强烈意识到什么事绝对不能做 (她举基督教的禁律为例,如杀人、不贞、叛教),认为两者完全可以结合。她的看法是,这样的结合是"双重效应原则"的基础 (参见思想实验"杀人电车"与本书书末"词汇")。她肯定这个原则,但同时指出该原则遭到滥用: *War and Murder*, dans *Ethics*, Religion and Politics. Collected Philosophical Papers. Volume Ⅲ, op.cit., p.58-59。感谢 Cora Diamond 和 Bernard Baertschi,他们让我深入了解安斯康姆对"结果"的态度。

〔2〕 Anscombe, *Modern Moral Philosophy*, dans Ethics, Religion and Politics. Collected Philosophical Papers.Volume Ⅲ, op.cit., p.40.

〔3〕 Diamond, *What if x isn't the number of sheep? Wittgenstein and Thought-Experiments in Ethics*, *op.cit.*, p.247,亦参见 Elizabeth Anscombe, *Who is Wronged?* , *Oxford Review*, 1967, p.16-17。

安斯康姆为那位驾驶的立场辩护，认为他没有做错，并表明未获救的那十个人没有什么理由好抱怨的：

他们应该获得什么东西却遭到拒绝吗？并没有。他们比那个落单的人更有资格获救吗？也没有。有人实际上对他们做了什么坏事吗？完全没有。那么他们有什么可以责怪那个开船的人呢？

如果船驾驶的动机不带有任何“卑劣的鄙视”，[1]就没有任何理由遭受谴责。

安斯康姆并不是用她的思想实验去测试后果论、义务论或其他理论。她不接受一般道德理论的价值观，认为我们可以事先了解，在每个状况中，什么是与道德最有关的因素（权利、后果等）。不过她也完全不排除，在个别的情况中，对后果的考虑可能是最恰当的。[2]

另外，她在“船难受害者”这个思想实验中，似乎要排除把数量当作某种道德价值的看法。她似乎认为，如果我们的心灵没有“腐化”，这种事根本不构成问题。[3]

我不确定自己了解她所说的心灵“腐化”到底是指什么，也不确定自己能解释清楚。所以我要用思想实验来表达我的想法。

---

〔1〕 Jonathan Glover, *Causing Death and Saving Lives*, Penguin Books, 1977, p.208.

〔2〕 Anscombe, *War and Murder*, *op.cit*.Cf.note 2, p.63.

〔3〕 Anscombe, *Modern Moral Philosophy*, *op.cit.*, p.40.

假设有人问你："某个有夫之妇外遇，谁可以动手打她：她哥哥、她爸爸还是她先生？"

你会说这是个荒谬的烂问题，你不想回答，因为你不接受这个问题的思考方式。它预先假定有外遇的妇女必须挨揍，这种想法本身就很可耻。

关于开船的驾驶，也应该是同样的回答。如果有人问你："他应该救谁？那十个人还是单独在礁石上的那个人？"你应该说："这个问题问得很不好。它预先假定开船的人在援救之前应该先考虑某个礁石上的受害者比另一个礁石上的多。[1]可是我认为，这个假定完全无法从道德的角度获得支持。"

如果这就是论证，那么它还是比较清楚的，但是我得说，我不觉得它有什么说服力。它的意思确实是指，如果驾驶决定救一个人而不是十个人，并不能说他做错了，他的行为没有任何争议，甚至没什么好讨论的。要是有人起了疑问，那人的心灵可能"腐化"了，因为他用数字来考虑道德处境。

不过我不明白为什么不该问："救十个人是否比只救一个人更好？"

安斯康姆的想法是不是意味着，有架飞机即将坠毁在

〔1〕 Diamond, *What if x isn't the number of sheep? Wittgenstein and Thought-Experiments in Ethics*, *op.cit.*, p.247.

大城市，而飞行员如果想着如何才能把飞机开到居民较少的地区，他就提出了根本不该提的问题？[1]

意思是不是说，要是飞行员选择坠毁在人最多的地区，他也没有做错什么，那些居民没有任何理由好责怪（不过，到那个时候他们也不会有问题了，应该说是他们的家人完全没有抱怨的理由！），因为没有人拒绝给予他们应该获得的东西？

会有人同意吗？我们当然可以否认数量的道德价值，但是我不觉得以这种方式拒绝讨论在哲学上站得住脚。此外，我们也知道，拒绝思想实验的理由通常没什么道理。

进行某项心理研究时，出现了以下这个问题："有块巨大的浮冰，上面的一切都是白的，那么生活在这里的熊是什么颜色？请记住，熊的颜色一定跟它居住的自然环境相同。"

有些人拒绝回答这个问题，他们说自己从来没到过浮冰上面，所以没办法知道。要是调查者不死心，强调答案就在问题里面，只要把问题再念一次就会知道，但作答者也不愿意。[2]

还有个小学生的例子也很有名。数学老师说："假设 X

---

〔1〕 Glover, *Causing Death and Saving Lives*, *op.cit.*, p.208.

〔2〕 Diamond, *What if x isn't the number of sheep? Wittgenstein and Thought-Experiments in Ethics*, *op.cit.*, p.245.

是羊的数目”，小学生却提出反论：“要是X不是羊的数目呢？”[1]

总而言之，我们必须知道安斯康姆先验地拒绝一般的后果论，以及后果论的某种形式，也就是关于数量的道德考虑，并不是很合理。当然，它也许不会荒谬到哪里去。

有个关于大家确实会进行后果盘算的经验科学研究，或许可以帮助我们不要太在意这个夸张的词汇。[2]

这是由学生参与的比较性研究，分别在A国（西方）与B国（东方）进行，实验内容是法官与脱序的人群。

作答的人必须在1（完全不同意）到7（完全同意）的范围内，表明法官处死无辜者是否为“不道德”的决定。

一方面，A国学生倾向给出5.5分，意思是“同意认定法官的决定不道德”，但并不是“完全同意”。他们没有给出6.5或7分，也就是没有出现反后果论者所期待的全面同意。

另一方面，B国学生就法官作出不道德的决定，所给出的平均分为4.9分。在完全同意该项决定违反道德的人数上，比A国学生少。

---

〔1〕 Diamond, *What if x isn't the number of sheep? Wittgenstein and Thought-Experiments in Ethics*, *op.cit.*, p.238.

〔2〕 Kaiping Peng, John Doris, Shaun Nichols, Stephen Stich，未出版，录于 John Doris et Alexandra Plakias, *How to Argue about Disagreement: Evaluative Diversity and Moral Realism*, dans Walter Sinnott-Arsmtrong, dir., Moral Psychology, vol.2, p.322-327。

假设这些学生可以代表一般大众，能不能说他们的心灵都被后果论“腐化”了？

进行这项研究的负责人表示，两边学生之间的细微差异，在统计数目上有重要的含义。他们认为这些差异显示了，B 学生比较倾向于不反对法官处死无辜者的决定。

可是我们不能因为这样，就说两地的学生有深刻的“文化”差异。毕竟双方之间评分的差距不是非常大。

无论如何，要是根据这些答案断定，B 学生和 A 学生相比，显得不那么理性主义或普世主义，那就荒谬了。不过积极拥护相对主义的人士有可能这么做，他们想说服大家“东方人的想法不一样”。

为法官的决定作出比较强烈的支持，会表现得比较像后果论者而不是义务论者。然而，一个后果论者的态度并不比身为义务论者来得不理性或不普世！

当法官为众人的权利进行数量上的“盘算”时，是不是等于给出把柄，让人更进一步认为后果论与效益主义是极度不道德的学说？

然而，把坏事限制到最小，或把好事扩展到最大，这怎么会是不道德的目标呢？

05

杀人电车

是不是永远不能只把人当作工具？

司机的困境

电车正高速驶向峭壁之间的山谷时，司机突然发现刹车系统失灵了。

前方有段距离的轨道上，五个工人正在进行修复工程。

如果这班疯狂列车继续往前开，无可避免会碾过那五个工人，因为轨道两旁没有足够的空间让他们闪避。

幸好，就在距离那五人不远的前方，主干道分出了一个支道。司机可以让电车改道，避免把他们碾毙。

运气不好的是，另外有个工人在支道上工作，情况和主干道一样，轨道两旁没有足够的空间让他闪躲。如果司机改道，一定会辗过那个工人。

于是司机碰上了以下的困境：不做任何改变，随那五人在主干道上被碾过；或是改变行进轨道，造成支道上的工人死亡。

在道德上能允许他让电车改道吗？[1]

一九六七年，英国哲学家菲莉帕·福特（Philippa Foot）提出这个实验。[2]

她的想法是把司机的困境和其他很多状况作比较，在其他状况中，我们要问的是，在道德上是否允许牺牲一个人以挽救好几个人。

在她提到的几个著名的状况中，有一个是肥胖的洞穴学者在试着离开山洞时卡在洞口，想救出其他被堵在洞里的学者，就得用炸药炸开洞口。[3]在道德上允许这么做吗？

不过福特提出电车司机的困境，特别是要和外科医生的例子比较。后者杀死一个健康的人，把他的器官移植给五个病人，救回他们的性命。

在福特看来，我们在直觉上都会认为外科医生的做法是不允许的，但我们的直觉也都允许电车司机让列车改道，朝着一个工人开过去而不是其他五个。这两个情况都是牺牲一个人以挽救五个人。那么其中的差异在哪儿？这些直觉是不是互相矛盾？如何加以解释？

美国哲学家茱蒂丝·贾维斯·汤姆森（Judith Jarvis Thomson）以超过三十年的时间发表了一系列论文，提出许多

---

〔1〕 实验出自 Philippa Foot,《Le problème de l'avortement et la doctrine de l'acte à double effet》, *op.cit.*, p.160。

〔2〕 *Ibid.*

〔3〕 *Ibid.*, p.158.

不同版本来推进这方面的思考。[1]以下是其中最重要的两个。

可以操控转辙器的目击者陷入两难

你沿着电车轨道往前走，目击了刚才所说的情景。你很快就发现电车正全速冲向两旁都是峭壁的山谷中，而司机已不省人事。你看见困在山谷中的五个工人，他们绝对会被辗死。怎么办？幸好转辙器就在你的身旁。如果你扳动它，电车便会开上支道。

不巧的是，另外还有一个工人在那条支道上。要是你动了转辙器，那个工人就得死。

---

〔1〕 Judith Jarvis Thomson,«Le problème du tramway»,*op.cit.* 之前的版本：«Killing Letting Die, and the Trolley Problem» (1976)，出自 Rights, Restitution, and Risk. Essays in Moral Theory, William Parent, dir., Cambridge, Mass., Harvard University Press, 1986, p.78–93；之后的版本：*Turning The Trolley*, Philosophy and Public Affairs, 36, 2008, p.359–374。

于是这就成了你的难题：不作任何改变，随那五人在主干道上被辗过；或是扳动转辙器，造成支道上的工人死亡。

在道德上能允许你扳动转辙器吗？

可以把胖子推下去的目击者陷入两难

你在天桥上看见桥下的轨道上有辆电车正全速开过来，有五个工人正在前方施工。你立刻明白电车是停不住了，可是你有足够的物理知识，你知道要是此刻轨道上有个庞大的物体，电车就会被挡下来。你的身旁正好有个胖子，他的体积与重量看起来很符合需求。此时他俯身在栏杆上，等着看电车开过。只要把胖子轻轻一推，他就会翻倒在轨道上。

在道德上能允许你这么做吗?

汤姆森告诉我们,接触了这两个故事的人当中,“大部分”认为在道德上可以扳动转辙器,但不能把胖子推到轨道上,去挡下疯狂电车。她的直觉也是这样。不过如何解释这些直觉呢?如何说明这种道德上的不对等?毕竟,当我们把胖子推下去的时候,纯粹只是为了救那五个人,就和让疯狂电车转上只有一个人的支道的情况一模一样。

认定两者之间具有重大的道德差异,难道不是某种形式的不一致?

汤姆森不这么想。她反而认为我们的直觉前后一致,因为我们完全掌握了状况中出现的权利问题。

根据她的说法,转辙器旁的目击者所面对的困境,具有两点特征:

(1)执行者把威胁到五个人的危险,转向单独一个人,救了那五个。

(2)执行者没有采用任何出自他本人的方法,去侵犯单独那人的权利。

为了重新提起之前用过的一个比较,可以这么说,在汤姆森看来,上述情形与机师选择让飞机坠毁在大城市里居民较少的地区颇为类似。

面对无论如何已经存在的威胁,这种方法将威胁致死的数字,降低到可以接受的程度,更何况无论执行者怎么做都会有人死。大家只能在不损害任何人的基本权利下，“让注定发生的事转移方向”。

依照汤姆森的看法，在胖子的困境中也只是“让注定发生的事转移方向”，把威胁到五个人的危险，转向单独那个人，去救那五个。不过这么做就会同时侵犯胖子的基本权利。因为我们感受到了差异性，所以用不同的方式判断那两个事件。

汤姆森经常提到“共同直觉”。她在质疑复杂的哲学构想时，引用“大家的想法”，也就是她觉得大家会怎么想。不过大家到底怎么想？又如何支持他们的判断呢？

从思想实验到“科学”研究

就上述问题而言，目前为止规模最大的调查，是 2003 年至 2004 年，豪瑟（Marc Hauser）主导的心理学研究团队利用因特网所进行的。[1]

调查结果于 2007 年发表，距离福特的思想实验已近半个世纪（再次证明了一点，小故事可以为道德思考带来重大的后果）。

分析整个实验的回答之后，结果大致证实了汤姆森的

〔1〕 Marc Hauser, Fiery Cushman, Liane Young, R.Kang-Sing Jin, John Mikhail, *A Dissociation between Moral Judgments and Justifications*, Mind & Language, 22 février 2007, p.1-21.

直觉：大部分人在道德上允许扳动转辙器，但不接受把胖子推到轨道上以挡住疯狂电车。不过，这些回答并没有肯定汤姆森所说的，两者的区别在于权利问题。

调查

豪瑟的调查对象为两千六百人左右，男女都有，涵盖了好几个年龄层，分别属于不同的宗教、教育程度，以及不同的民族或文化社群，并且在好几个国家中进行：澳大利亚、巴西、加拿大、印度、美国、英国。

在作答的人当中，有些（略多于五百人）曾经接触过道德哲学，其他人没有。每个剧本分别记录在不同的纸上，顺序随机排列。[1]这些剧本在好几个方面都和福特及汤姆森原版的思想实验不一样。

在司机的困境中，变成是乘客必须去执行可能的指令，因为当司机知道刹车失灵时就昏过去了。至于目击者的难题则是变成两个，而且更复杂，稍后再分别介绍，以免把读者搅得昏头转向（还会附上插图，增加各位了解问题所在的概率）。

这些剧本之所以被提出来，是假定它们让实验者能更

〔1〕 作答时另有检验的步骤，以确认答题者对提出的问题有最起码的了解。凡表示“就算支道上没有人也不能让列车转换轨道”的答题者，他们的答案会被排除。

清楚判定，引用双重效应原则是否有助于了解任何人以及所有人的道德想法。

什么是“双重效应原则”？

哲学家讨论的问题，通常是经过几个世纪才发展出的复杂构想，而参与调查的心理学家在运用这些词汇时，脑袋里装的是它的极度简化版。

一般认为，这个道德学说由中世纪哲学家多玛斯·阿奎那（Thomas d quin）所定型。该学说指出行动的效应可以是好的，也可以是坏的；而行动本身则可能是好的，或者不好也不坏。

想象一下有支残暴的军队发起一场毫无理由的战争，它的参谋总长藏身的防空洞遭到轰炸，洞里也躲着一些平民。效应之中有一个是好的（消灭不正义的侵略者），它是行动的目标，是策划轰炸的负责人想要的结果。另外有个效应是坏的（杀死了无辜的平民），策划行动的人也预想到了这一点，它是无法避免的“附带效应”，但它不是行动的目标，不是策划轰炸的负责人想要的结果，甚至没有被看作达成目标的手段。

根据双重效应原则，道德上允许在这些情况中执行具有两个效应的行动（坏的效应并不是原先想要的，既不是目的也不是手段）。但必须加上一点，就是行动造成的损害

(例如无辜的受害者)并没有不成比例。[1]

进行调查的心理学家,有时似乎会把这个复杂而有争议的学说,简化为康德的格言:“无论对自己或任何一个他人,绝对不能当成只是手段,而永远要同时当成是目的。”[2]

不过,没人要求他们能为中世纪的理论作注释,而且,只要他们说到“双重效应原则”时,我们能够看清楚他们在想什么,就没多大问题了。他们想的是,必须区别在什么处境下,我们只把人当成工具(胖子),又在什么处境下并没有这么做(司机改道、转辙器旁的目击者)。

不过此处的重点,以及仍然允许把经验科学研究和思想实验相提并论的要素是,这些版本遵守了三个重要的差异性:

(1)该行动力求转移威胁(对那五个轨道工人而言),还是该行动制造出新的威胁(对胖子而言)。

(2)该行动把造成其中某人之死当成手段以阻挡失速列车(例如把胖子推下去),还是当作让电车改道的附带效应(像是扳动转辙器)。

---

〔1〕 Foot,«Le problème de l' avortement et la doctrine de l' acte à double effet», *op.cit.*, p.156-159; Anscombe, *War and Murder*, *op.cit.*, p.51-61; Jean-Yves Goffi,«Le principe des actions à double effet», dans Jean-Yves Goffi, dir., *Hare et la philosophie morale, Recherches sur la philosophie et le langage*, no 23, 2004, p.237; Bernard Baertschi, *La valeur de la vie humaine et l' intégrité de la personne*, Paris, PUF, 1995, p.97-101.

〔2〕 Emmanuel Kant, *Fondement de la métaphysique des moeurs* (1785), trad. Victor Delbos, revue par Alexis Philonenko, Paris, Vrin, 1980, p.105.

（3）该行动造成一人丧命的方式并非直接来自另外某个人（电车改道或扳动转辙器），还是直接由人力造成（用力把胖子推下去）。

此外必须强调的是，在原版的思想实验中，完全没有提到人物彼此之间的关系、电车的能见度，或其他可能挡下电车的方法。这项调查遵守了这些条件。

那么调查的结果为何？

“电车改道”与“推下胖子”的组合

参加实验的人当中，百分之八十九认为，从道德上而言，可以让电车改道驶上只有一个工人的支道，并知道这样会造成工人死亡。他们在年龄、宗教、性别、文化、教育程度或对道德哲学的了解各方面，都没有显著的差异。

只有百分之十一的作答者认为道德上允许把胖子推到轨道上，并知道这样会造成胖子死亡。[1]他们在年龄、宗教、性别、文化、教育程度或对道德哲学的了解各方面，也都没有显著的差异。

这些结果完全符合汤姆森的预测。几乎所有的作答者在道德上都允许电车改道，只有一小部分人在道德上允许

---

〔1〕 Hauser, *A Dissociation between Moral Judgments and Justifications*, *op.cit.*, p.5. 这些数据在附录中分别为百分之八十五和百分之十二，但我不知道原因为何。

把胖子推下去。

让所有关心研究结果的人感到惊讶的是，尽管作答者在年龄、宗教、性别、文化、教育程度，以及和道德哲学的接触，分属于各个不同的层级，但他们的回答趋向一致。

最乐观的说法是，幸亏有心理学家出手相助，哲学家总算发现了普遍的道德数据。问题是，这些数据似乎表现出，道德反应所具有的普遍性，竟是它们的不一致！

问题

百分之八十九的作答者认为，在道德上允许电车改道，明知这么做必定会造成一人死亡，也要避免五个人死去。根据这项回答，我们可以断定众多的作答人士属于后果论者，因为他们觉得，道德上允许执行某个让恶最小化的行动，至于有关行动自身性质的考虑则完全不去过问。可是要获得同样的结果，只有百分之十一的人认为道德上允许把胖子推下去。用来导向第一种意见的后果论直觉到哪里去了？如果大家认为道德上允许造成一人丧命以避免其他五人丧命，为什么在道德上就不允许把胖子推到轨道上？评断两者之间具有重要的道德差异，难道不是前后不一致的表现吗？

这就是我们的问题。

作答者如何解释自己的判断？

作答者应研究人员要求，解释自己的判断，于是出现以下三种表现：

（1）作答者提出充分解释

他们很清楚各个情形之间的重要差别：有没有肢体的接触、是否把别人当作工具；该移转眼前的威胁还是造成新的威胁。

他们试着在解释的时候考虑到两者的区别。例如，他们说可以让电车改道但不能把胖子推下轨道，因为转移威胁可以接受，但不能制造新的威胁。

（2）作答者解释不够充分

有些人直接说自己没办法解释为什么这样可以而那样不可以。有些人说，在第一个情况，大家能做的只有任凭死亡发生，无法避免；在第二个情况中，却可以克制自己不要杀人，但他们没有给出附加的解释。也有些人为第一个情况提出后果论的解释（能救五个总比一个好，让电车改道造成的伤害最小等），到了第二个情况则用义务论的解释（道德上禁止杀人，我们不能把自己当作上帝，决定谁该死谁该活，不制造错误比援助他人更重要等）。然而他们看不出矛盾所在，也没有试着解释为什么在某个情况下最好当个后果论者，但另一个情况则否。

(3)作答者提出不相关的解释(但比较有趣)

他们没有看出明显的差异,提出的解释文不对题:“一个男人的身体挡不住火车”“这故事真可笑:轨道工人老远就听到列车的声音,早就跑了”等。

根据豪瑟的调查,百分之七十的作答者没办法为自发性的判断提出合理说明。

百分之三十提出充分解释的人,在宗教、年龄或性别上,没有特殊的分布表现。

只有一个因素让他可以预测是否能作出充分解释:接触过道德哲学。研究哲学的人当中有百分之四十一(没有研究过哲学的人当中只有百分之二十七),能够为自发性的判断提出充分的解释。不过这些数据也显示了,并不是研习过道德哲学,就能以前后一致的方式说明自己的判断,毕竟还有百分之五十九的人无法提出充分的解释(也许他们没有上过所有的课)。

这一点,对主导实验的豪瑟来说不足为奇。因为他一开始就假设,在道德直觉与解释直觉之间会有不相符合的现象。前者人人皆有,而且常常是无意识的快速反应,但我们往往无法为这些直觉作出解释。

另外,豪瑟认为尽管道德直觉具有快速与确定的特点,但不见得就是纯粹的情绪反应。它完全可以指涉不带情感成分的自发性判断,犹如某些原则,运作起来极其迅速且十分确信，但不是在自觉的情形下产生。这个假设是豪瑟实验的核心。他非常想要证明这样的假设是正确的，而这个假设也让他进一步去思考：是否可能我们每个人都是康德的追随者，但没有清楚意识到这一点。

通过这些实验，他想进一步确认，直觉不能被简化成非理性的、与道德毫不相关的情绪反应。这说明了他想用义务论的观点去解释实验结果，然而这个主张没办法不证自明。[1]

事实上，还是有其他的方式去解释，为什么许多人允许疯狂电车改道，同时禁止把胖子推下去，这两个行动在直觉上对我们造成完全不同的冲击，但会造成完全一样的结果（让一个人而不是五个人丧命）。

以后果论来诠释

之前我们讨论过，置身于目击者不知是否应该扳动转辙器的困境时，曾经建立出属于后果论的评断。我们表示，当两者只能择一的状况出现时，道德上允许只杀一个人而不是五个。如果我们是前后一致的，那么面对胖子的困境时，就不应该改变观念上的框架，而是保持后果论的想法，认为道德上允许我们把胖子推下去，即使就个人而言，我们

---

〔1〕 有人怀疑豪瑟擅自更动了一些数据，好让它们证明他的论点。不过，当然得尊重无罪推定的原则。

不想要这么做。可是实验结果显然与此不同。我们在第二个处境下的反应，好像让我们突然变成了狂热的义务论者：某些行为，即使是为了更大的利益，也绝对要加以排除。为什么？

关于不一致的表现，有种假设表示我们可能天生就被“设定”（“设定”，乃是出于人类演化的结果）为会对猛烈的肢体接触产生反感，并且在面对这种场景或想法时，心理上没办法冷静地保持理性。[1]把胖子推下去的念头启动了足够强烈的情绪反应，使理性分析无法运作。这就是为什么，虽然让电车改道与推落胖子在道德上属于相同的处境，但我们会认为其中有差异。[2]

---

〔1〕 Joshua D.Greene, R.Brian Sommerville, Leigh E.Nystrom, John M.Darley et Jonathan D.Cohen, *An fMRI Investigation of Emotional Engagement in Moral Judgment*, Science, 293, no 5537, 14 septembre 2001, p.2105-2108. 格林(Joshua D.Greene) 也利用这个假设来解释另一种反差现象，那就是我们对远方儿童因饥饿而丧生的命运漠不关心——我们和他们没有肢体上的接触，以及我们对展现在眼前的苦难感同身受：Joshua Greene, *From neural “is” to moral “ought”: what are the implications of neuroscientific moral psychology?*, Nature Reviews. Neuroscience, vol.4, octobre 2003, p.847-850。科瓦 (Florian Cova) 对我说 (私人谈话)，格林并没有一直根据直接肢体接触的准则，来区别具有人格与不具有人格的行动。他曾经认为，在具有人格的行动中，大家会把某人当作工具。不过我比较乐于用直接而猛烈的肢体接触，来保留具人格对比不具人格的定义，让讨论不至于变得太混乱。如果所有的后果论都是、曾经是、或可能会是义务论者，而且反之亦然，那要如何弄清楚这一点呢？

〔2〕 Greene *et alii*, *An fMRI Investigation of Emotional Engagement in Moral Judgment*, *op.cit.*

情绪扮演的角色

以上的结论，把义务论者的反应归为不具理性的疯狂派（也许所有的义务论者都会感到不高兴），有些学者为了维护这些结论，求助于神经科学的技术。[1]

在面对推落胖子的情形，大脑的情绪区会激动。如果是面对扳动转辙器，起反应的是大脑的理性区。[2]

当然我是没办法就这些资料的有效性表示意见。一般认为，大脑功能定位仍然属于高度不确定的领域，而我对这个领域并没有特殊的理解。[3]

然而在哲学上，我可以用来反对这类研究的意见是，大体而言，就算某个行动是由情绪反应所引起或伴随产生，也不能因此证明该行动是非理性的。[4]

以义务论来诠释

豪瑟为了证实后果论与非理性主义的解释有所缺失，

---

〔1〕 Greene *et alii*, *An fMRI Investigation of Emotional Engagement in Moral Judgment*, *op.cit.*

〔2〕 弗雪 (Luc Faucher) 的说法是 (私人谈话)，也许是在抵消情绪反应。可参见 Bernard Baertschi,《Le dilemme du wagon fou nous apprend-il quelque chose de notre vie morale? 》(手稿)。

〔3〕 我倾向于把这部分交给另一本论述清楚的著作：Bernard Baertschi, *La neuroéthique.Ce que les neurosciences font à nos conceptions morales*, Paris, La Découverte, 2009。

〔4〕 在情绪哲学这方面，具有相同主张的论点不断增加。请参见 Christine Tappolet, *Émotions et valeurs*, Paris, PUF, 2000。

向作答者提出下面两个处境，它们是汤姆森的目击者启动转辙器实验的另一个版本。[1]

在接下来的情况中，胖子被用来阻挡疯狂电车，但不是被目击者推下去的。

这一次要想象目击者可以扳动转辙器让电车转上支道，但轨道只是先弯出去然后又转回主道。

胖子在弯道上

有个胖子在弯道上。要是撞上胖子，他死了，电车的速度会大幅下降，给五个轨道工人逃开的时间，也就救了他们的命。

那么在道德上允许我们扳动转辙器吗？

---

〔1〕 我在开始时说过，所有的实验变体是一起交给作答者的。经过头两个变体的第一轮讨论之后，我觉得最好要讨论接下来这两个，让论述中的作用能更明显（也因为这两个变体很复杂，必须经过一些准备工作才能完全理解）。

庞然大物与轨道工人

弯道上有一个工人，他的后面有个庞然大物。电车要是撞上那个物体，车速必定下降，五个工人有时间跑开，也就不会丧命，可是物体前面的那个工人一定会死。

那么在道德上允许我们扳动转辙器吗？

在这两个“有环状轨道”的剧本中，行动不是由某个人直接做出来的，没有人和受害者有激烈的肢体接触。

不过，在第一个剧本中，扳动转辙器的目击者把胖子当作工具来阻挡疯狂电车，这就使这个情况与直接把胖子推下去的情况，变得很接近。

在第二个剧本中，轨道工人的死亡无法避免，但那是电车开向庞然大物的附带效应。那位工人没有被当作工具。

百分之七十二的作答者表示，道德上允许在第二个剧本中扳动转辙器(没有把工人当作工具)。

可是只有百分之五十六表示,道德上允许在第一个剧本中扳动转辙器(把胖子当作工具)。

豪瑟认为这个差异性在统计的观点上有重要的含义。根据这项差异可以推断出,面对这四种情形(两个轨道没有呈环状,两个呈环状),作答者表示可以为了救五个人而造成另外一人的死亡,前提是没有把死去的那个人当作工具。而且,当电车被挡在环状轨道上时,没有激烈的人为接触,这样就可以排除有关非理性的诠释。

在豪瑟看来,所有的结果显示出某种形式的一致性。就好像作答者凭直觉运用了双重效应原则,和设计实验者对该原则的理解相同。

这个原则是义务论的,这么说的依据是,设计实验者认为它不允许我们仅仅把人当作工具。

在那两个“没有环状轨道”的情形中,该原则的意思是:允许让电车改道但不可以把胖子推下去。电车改道时,必然会造成另外那个工人丧命,但我们没有把他当作挽救那五个人的工具。相反地,推落胖子正是这个用意。

不过这个情形可以有一个非理性的诠释,因为里面出现激烈的人为肢体接触。在另外两个“有环状轨道”的情形,“激烈的人为肢体接触”被除掉了。即使如此,作答者仍然表示把胖子当作工具,要比因为附带效应使某人死亡,来得更无法让人接受。

对豪瑟而言，这些结果证实了他的假设：激烈的人为肢体接触无法解释为什么多数人会排斥把胖子推落，大家把他当作工具才行。[1]

实验结果还让下面这个想法产生了可信度：进行测验的群众倾向于运用双重效应原则（这是豪瑟的诠释）。[2]

换句话说，对整个结果最好的诠释不属于后果论或非理性主义，而是义务论与理性主义。此一诠释表现出，大多数人所在意的，是不要只把人当作手段。

这项假设遭到非理性主义者的反对，并提出下面的假设：如果有可能以阻挡失速电车为目的，不采用任何激烈的肢体接触，只是打开胖子脚下的活板门，让他掉落轨道。[3]这样我们还会感到震惊吗？大概不会吧。

然而，这就跟把胖子当作工具、推他下去的方式一模一样！“推落胖子令人震惊的不是激烈的人为肢体接触，而是把他当作工具”，在确认这个说法之前，也许应该进行像

---

〔1〕 不过这些结论还是让人困惑。只有百分之十一的作答者认为可以推落胖子，可是却有百分之五十六觉得，要是没有直接肢体接触就可以把他当作工具。依照这样的结果，我觉得很难断定肢体接触这个因素有没有起到作用！此处可能略有歪曲数据的做法，让它们为预定的假设作出有利的代言，而该假设其实并不适合这项研究；这也是豪瑟受到批评的部分。

〔2〕 Hauser *et alii*, *A Dissociation between Moral Judgments and Justifications*, *op.cit.*, p.5 et 7.

〔3〕 Nicolas Baumard, *Comment nous sommes devenus moraux.Une histoire naturelle du bien et du mal*, Paris, Odile Jacob, 2010, p.122-125.

“打开胖子脚下的活板门”一样简单的思想实验。[1]

义务论和后果论打成平手

豪瑟认为他确定了，人会迅速而不自觉地使用双重效应原则（根据豪瑟定下的含义）。

如果大家觉得可以扳动转辙器但不能推落胖子，是因为在第二个处境中，大家把某人变成了工具，但在第一个处境没有。如此一来，他们的道德直觉前后一致、有理性，而且属于义务论者。可是后果论者仍然主张：拒绝推落胖子，是前后不一致与非理性的表现，它是情绪因素介入的产物。他们认为义务论者无法以不可反驳的方式证明，情感上排斥激烈的人为肢体接触并不是重要的解释性因素。对后果论者而言，这甚至可能是决定性因素，可以用来说明扳动转辙器与推落胖子这两个判断的差异性。[2]

“杀人电车”的各种版本让接受实验的人作出自发的判断，就这些判断的不同诠释看来，目前有关最佳诠释的争论结果是“打成平手”。

---

〔1〕　如果研究哲学（又读了很多康德的著作），那么很容易认同发生在人身上最糟糕的事，就是被别人当作工具。不过活板门的思想实验也许可以显示（算是我的推理），上述情况不见得是最糟糕的事。如果别人利用我们但没有使用暴力，或许就没什么大不了。当然，最好是不要来烦我们。

〔2〕　感谢 Stéphane Lemaire，他建议我明确指出后果论者持续留在竞赛场上的理由。

道德直觉并不多

为了评估上述的调查结果，又有许多研究陆续出现，打算让我们质疑道德直觉的可靠性。事实上，在表达各种困境时，只要加上某些条件，甚至只要修改表达的方式，就足以改变许多人的直觉。[1]

于是在这方面产生了好几种有说服力的假设，有些还从经验科学研究取得了支持。

在面对扳动转辙器或是推落胖子时，那些和道德法则相关的直觉，可能会改变：

（1）根据对相关人物推断出的道德素质

如果有人告诉我们，是胖子破坏了电车并让那五个轨道工人的生命遭受威胁，或者我们听说他是残暴的施虐者并会到天桥上看着各种意外发生；那么，把他推下去可能不会让我们犹豫。[2]

（2）根据遭受威胁者与我们的亲疏关系

如果必须遭到牺牲的另一名轨道工人是我们的朋友或家属，我们可能更在意他的遭遇。

---

〔1〕 Appiah, *Experiments in Ethics*, *op.cit.*, p.73–120; Edouard Machery, *The Bleak Implications of Moral Psychology*, Neuroethics, vol.3, no 3, p.223–231, 2010.

〔2〕 Thomson,«Le problème du tramway», *op.cit.*

（3）根据面临牺牲威胁的人物年纪

如果必须被牺牲的是年轻人或年纪还很小，我们可能更在意他的遭遇。

（4）根据面临牺牲威胁者与我们的相似程度

我们不太愿意牺牲与我们相似的人。因此女性较不愿意牺牲她们的姊妹，而男性则较不愿意牺牲他们的兄弟！[1]

（5）根据面临威胁者所承担的责任

对于不是因为贪玩或贪图方便而站上轨道，或是因为职责而身在该处的人，我们不太倾向于让他牺牲。[2]

（6）根据取得结果必须付出的力气

有人会注意到，把胖子推下天桥（尤其是如果他反抗的话），比扳动转辙器来得费力。[3]

（7）根据结果取得是否借由激烈的肢体接触

如果胖子经过反抗再因外力翻落，会比脚下的活板门被打开而掉落，更让人感到震惊。

（8）根据威胁是经过转移才产生，还是制造出来的

转移已经存在的威胁但没有制造新的出来（扳动转辙器）；以及就算是要转移已经存在的威胁，但同时又把新的

---

〔1〕 Machery, *The Bleak Implications of Moral Psychology*, *op.cit.*; Jennifer Zamzow et Shaun Nichols, *Variations in Ethical Intuitions*, Philosophical Issues, 19, 2009, p.368-388.

〔2〕 Unger, *Living High and Letting Die*, *op.cit.*

〔3〕 *Ibid.*

制造出来（以胖子为目标），我们会倾向于觉得前者比较不严重。

（9）根据叙述中人物的所在位置

威胁处于安全状态的人，例如天桥上的胖子，比威胁处于危险位置者（如轨道工人）来得严重。

（10）根据各个故事的顺序

如果我们最先看到的牺牲剧情，是像失去理性的移植手术（杀死一个人以取走他的器官去救五个人）那样难以容忍，接下来要评估是否可以扳动转辙器造成一人死亡以救五人，就不会那么反感。[1]

（11）根据提出的选项

如果实验中只提出目击者推落胖子的处境，同时还强调没有其他方法救出五名轨道工人的话，就不会有过多人否决。[2]

（12）根据作答者必须采取的立场

对于必须被牺牲掉的轨道工人，当实验假设由我们自己扳动转辙器时（面对提问："您会怎么做？"），会比处于道德裁判的立场但不介入行动（面对提问："您的想法是什么？道德上允许这么做吗？"），让我们更倾向于在意轨道

〔1〕 Appiah, *Experiments in Ethics*, *op.cit.*

〔2〕 Baertschi, «Le dilemme du wagon fou nous apprend-il quelque chose de notre vie morale? », *op.cit.*

工人的遭遇。[1]

如果所有这些假设都得到证实，得到的结论会是只有在以下两种情形中，直觉会允许牺牲一个人来救五个人：

① 我们面对的是陌生人，和此人之间没有任何亲友关系，也没有任何邻近的关联，而且不知道此人的性别、年龄、权利与必须承担的责任。

② 我们处于道德裁判的位置但不介入行动。

这些并不能证明我们的道德直觉比较接近后果论，但我们可以去想：后果论的直觉是不是只有当我们站在完全中立的立场时，才会起作用。不过在现实生活当中，这种完全中立的处境非常罕见。

另外，如果所有这些假设都获得了证实，那么由此可知，"永远不能只把人当作工具"的直觉在下列情况中大概会无法取舍，甚至完全起不了作用：

(1)把人当作工具是唯一可能的选项。

(2)把人当作工具不需要任何激烈的肢体接触。

(3)被当作工具的那个人平常在道德方面算是可鄙的人。

(4)被当作工具的那个人是威胁的来源。

(5)被当作工具的那个人要为自己选择的风险负责。

---

〔1〕 *Ibid.*; Walter Sinnot-Armstrong, *Framing Moral Intuitions*, dans Walter Sinnott-Armstrong, dir., Moral Psychology, vol.2: *The Cognitive Science of Morality: Intuition and Diversity*, Cambridge, Mass., The MIT Press, 2008, p.47-76.

这类结果也许可以证实，在所有的状况中，有意识也好无意识也好，我们的头脑并不倾向于根据这个原则去作判断：不允许仅把人当作工具的原则。

我们不能说这些结果完全证明或否定我们的道德直觉比较接近义务论的想法，但我们可以去想，如果我们具有义务论的直觉，那么这些直觉可能在很多状况中都没有优先权，因此不会付诸实践。

道德直觉的脆弱

也有人认为，如果提高了推落胖子可以救下的人数（例如不是五人而是一百人），我们就不会有禁止把他推下去的道德直觉。不过实际情形并非总是如此。[1]

然而不能排除可能出现某种“门槛效应”，因而削弱了这类直觉。难就难在如何找出门槛的位置，以及它针对哪一种人。[2]

道德上是否允许把胖子推下去，好救出一百、一千、一万、一百万无辜的成年人？

如果是为了救出儿童呢？如果是为了救出我们的孩子呢？

一旦情况变得过于复杂，一旦数字超过了特定的门槛，一旦人的素质参与进来，我们的直觉就会失去它的可靠性。

---

〔1〕 Machery, *The Bleak Implications of Moral Psychology*, *op.cit.*

〔2〕 Nagel, *Guerre et massacre*, *op.cit.*

总结：

对很多研究人员来说，“杀人电车”实验所呈现的问题，指向回答之间的一致性。

扳动转辙器让电车转向造成某人丧命，为阻挡电车而把某人推下天桥造成此人丧命，为什么我们评断这两种情况的方法那么不对称？

根据所谓“后果论”的诠释，“杀人电车”实验显示我们前后矛盾，因为情绪与非理性的反应影响了我们。

至于所谓“义务论”的诠释，“杀人电车”实验显示我们前后一致。我们是以迅速、自然、简明的方式，运用了在道德哲学界众所皆知的一个原则：禁止我们只把人当作工具。

这下子怎么解决？

更为困难的问题在于，要是改变了呈现困境的方法或是在实验的结构中加上特定的信息，就会发现直觉也会跟着改变。这些直觉和我们通常在情境中所期待看到的不同，似乎既不稳固也没有独立性。于是有了以下的哲学疑问：

如果我们并没有稳固的直觉可以用来支持义务论，那么要如何才能解释这个理论？

如果我们并没有稳固的直觉可以用来支持后果论，那么又要如何才能解释这个理论？

根据某些哲学家的说法，在伦理的范围求助于道德直觉，就像在数学的领域运用直觉一样，不仅徒劳而且令人感到绝望。[1]这样的比较是否恰当？

我个人觉得，道德实验哲学对研究室的道德哲学所带来的贡献，目前看来已经更为明显了。

经验科学研究显示，哲学家要为理论辩护，无论是义务论还是后果论，都不能利用共同直觉来解释他们的观点。

不过这不代表以共同直觉来支持自己的论点是错的，也不表示除了求助于共同直觉，再没有任何方法能够解释道德哲学。

况且，关于这些直觉还有其他可能的诠释，只不过豪瑟与他的批评者都没有加以考虑。我还想到汤姆森用权利的观点去支持自己的论点，但她的论点并没有经过充分的测试。[2]我们也可以尝试提出，除了奠基于双重效应原则，或以情绪、权利为考虑之外的其他诠释。

〔1〕 Philip Kitcher, *Biology and Ethics*, dans David Copp, dir., The Oxford Handbook of Ethical Theory, New York, Oxford University Press, 2005.

〔2〕 后来汤姆森似乎放弃从法律的角度诠释，转而采用“假设同意”的说法。在目击者扳动转辙器的情况里，假设目击者就算自己处在即将丧命的轨道工人的处境，也会同意这个行动。Appiah, *Experiments in Ethics, op.cit.* p.231.Nicolas Baumard 在他的著作 *Comment nous sommes devenus moraux.Une histoire naturelle du bien et du mal, op.cit.*，提出一个创新的、涉及社会契约与自然主义的伦理学理论。该理论也朝着这个方向前进，而且他打算用经验科学的方法加以测试 (私人谈话)。这是一个重要的研究计划，应该不会排除义务论与后果论的诠释，但绝对能够让可信的诠释范围变得更加丰富。

06

没有道德感的人

“要是大家都这么做呢？”——“你希望别人也这样对你吗？”

这些论点的价值何在？

你正要走出餐厅时，下起了一场暴雨。你没有时间等这场雨过去，而且你没有雨伞。运气真好（当然是指你的），有些比较注意天气的客人带了伞，放在入口处的伞筒里。[1]

你左右打量了一下，没人在看。

你拿了一把伞，若无其事地走出去，神不知鬼不觉，仿佛戴上了盖吉斯的戒指，转一下人就能隐形。按照神话的说法，你可以拿走任何东西都不会受到惩罚。[2]

你多少也意识到自己会造成某个陌生人的损失，他对你可是什么也没做。不过你没有真的放在心上。

显然是那理由不足以阻止你把雨伞拿走。

---

〔1〕 出自 Thomas Nagel, *Qu' est-ce que tout cela veut dire? Une brève introduction à la philosophie* (1987), trad. Ruwen Ogien, Combas, L' Éclat, 1993。

〔2〕 Platon, *La République*, *op.cit.*

你就是那种没有道德感的人，让哲学家（还有非哲学家）从开始思考道德的问题以来一直觉得很烦。[1]

他们硬是要找到让人无法辩驳的论据，让没有道德感的人从漠不关心的状态走出去。在眼前这个特定的例子里，就是教他不要在暴风雨的夜晚，偷走陌生人的伞。

“为什么要有道德？”这个问题他们一直想回答，而且还要作出决定性的回答。

为什么要有道德？

在做还是不做某些事的理由当中，有些是出于个人的小心谨慎。例如，如果你啤酒实在喝得太多，健康可能出问题。如果你想保有健康的身体，就有了少喝点啤酒的理由。

还有些理由是要获得他人认同、担心遭到他人指责、渴望得到奖赏以及避免惩罚。如果你实在喝太多啤酒，就得冒着一整天听别人说教的风险（也是麻烦之一）。如果你觉得麻烦，那就有了少喝点啤酒的理由。

我们可以设想出其他众多理由去做或不做某些事。例如宗教性的理由，像是上帝无条件的爱，或害怕上帝的惩罚

〔1〕 这儿有几个众所皆知的例子：柏拉图《理想国》的 Thrasymaque，IIIV，VIII－IX；霍布斯《利维坦》的白痴，XV，72。为了让数据源有点变化，再加上戴维·马梅（David Mamet）的电影《猎杀游戏》（*House of Games*，或译《赌场》），1987。

(死后尤其糟糕)等。

有些哲学家认为,无论是要行动还是避免行动,除了出于谨慎、社会性、宗教性的理由之外,还有一些理由“纯属”道德所有。目前关于这类理由尚未有一致赞同的定义,但大家倾向于如下描写它们的特性:[1]

(1)这些理由比较是和他人而不是和自己有关,因此它们与出于个人小心谨慎的理由作出了区别。

(2)遵循这些理由不是为了希望获得奖赏或害怕遭到惩罚,因此它们与社会性的理由作出了区别。

(3)它们不是由超自然的权威以专断的方式规定而成,因此它们与宗教性的理由作出了区别。

(4)大家会觉得每个人都应该遵照这些理由行事,而这一点不一定符合社会性或宗教性的理由。[2]确实,只有某个社会的成员或某个宗教的信徒,才会认为这两种是正当的理由。犹太人与回教徒不吃没有放血的牛肉,但是他们一般也认为,非犹太人或非回教徒不是一定要这么做。相反地,他们认为所有人都不应该偷东西,就算是不同信仰的人也一样。[3]

(5)它们关系我们眼中重要的事情(例如生命、死亡、

---

〔1〕 Turiel, *The Culture of Morality*, *op.cit.*, 以及前一章。
〔2〕 同上。
〔3〕 同上。

幸福、生命的意义、共同的利益等)，而不是一些琐事(去钓鱼要穿什么颜色的袜子)。有些哲学家还认为，识别道德规则的标准之一，就是违反规则会引起什么强度的情绪反应。他们还说，如果违反道德规则所引起的情绪反应，比看到违规停车更激烈，就能说明它在大家的生活中很重要。[1]

关心伦理的学者给人一种印象，就是他们常常觉得，只是上述条件便足以将道德的理由和其他理由区别开来。这个想法颇有争议。要描述“纯属”道德的理由，除了上述重点式描绘的方法之外，不太容易找到其他方法，因此大家可能想要否定道德理由的特殊性，把它们化约成具有个人谨慎、社会风俗或宗教规范等缘由的混合物。

此外，什么是道德理由，也有好几种说法。

主要的两个理由分属义务论与后果论。前者提出的理由是，有些事永远也不能做，如说谎、杀人或虐待，就算能为自己或社会带来好处也不可以。后者提出的理由是，推动程度最大的利益，更明确地说，要把好处增到最大、坏处减到最小。

后果论的角度可能让我们觉得，在道德上可以让一个人丧命以拯救一万个人，或是折磨一个儿童来拯救十万个

---

〔1〕 Alan Gibbard, *Sagesse des choix, justesse des sentiments. Une théorie du jugement normatif* (1990), trad. Sandra Laugier, Paris, PUF, 1996.

人。[1]不过，即使可以拯救一万个人，我们也有可能完全不打算亲自动手杀掉某个人，或是折磨某个儿童来救出十万个人。这不是出于懦弱或是不了解什么叫做道德上的要求，而是因为道德义务论的理由与道德后果论的理由，在我们心中产生了冲突。

无论属于义务论还是后果论，这些"纯属"道德的理由制造出一个特殊的难题。

我们很容易就能理解，为什么出自个人谨慎、畏惧上帝或社会舆论的理由，能约束我们不去实行某些行动（偷窃、羞辱他人、让人白白受苦），或能正面激励我们执行其他某些行动（帮助他人、为大众谋福利）。可是想知道为什么大家对道德的理由很敏感，就比较难了。无视道德理由的人，仅仅服从个人生活的经验法则与国家法律，并且会在为了自己方便的时候违反一下规定，还很确定自己绝对不会被发现，就像那个借雨伞的人。像这样的人，能对他说些什么？[2]

哲学家与非哲学家不断提起两个论点：

"要是大家都这么做呢？"

---

〔1〕 Nagel, *Guerre et massacre*, *op.cit.*

〔2〕 没有道德感的人不是非道德主义者，后者公然藐视自己也很了解的道德规则。前者算是对道德规则漠不关心，原因在于不感兴趣或缺乏动机：Joseph Raz, *The Amoralist*, dans Garrett Cullity et Berys Gaut, dir., Ethics and Practical Reason, Oxford, Clarendon Press, 1997, p.369-398。

“你希望别人也这样对你吗？”

它们代表什么意思？它们具有决定性吗？

要是大家都这么做呢？

大家时常把这个论点和康德“不自相矛盾的普遍性”准则混为一谈，但其实必须把它们区分开。

康德的想法是，如果我们把某些个人的行动规则表现成伟大的道德原则，在所有的情况中都适用于所有人，这些规则也许会变得荒谬或自相矛盾。[1]

就像我们可能偶尔动这个念头（当然它不是常常出现）：“我不想遵守诺言，因为照着去做实在太不方便了。”

把它转变成普遍的原则就是：“作出承诺的人，只有在他方便的时候才必须遵守诺言。”

问题并不是如果每个人各自遵循这个原则，这世界会一团乱。而是这个原则既荒谬又不理性，因为它自相矛盾。作出没有意愿遵守的承诺，该承诺就失去了承诺的专有性质，变成不是承诺的承诺。

康德为测试普遍性提出了评估原则的标准，那就是衡

---

〔1〕 Kant, *Fondement de la métaphysique des moeurs*, *op.cit.*

量该原则的概念一致性。[1]

回头来看，“要是大家都这么做呢？”的论点，要求我们想象出实践的后果。我们可以说它是某种思想实验，某种“假想的普遍化结果”。[2]

乍看之下，它特别像是制造陈腔滥调的机器，命题是真的，但没什么意思：

“要是大家同时到小区的游泳池，就没有地方可以下水了。”

还有这个，也很无趣：

“要是大家同时上街，就没办法往前走了。”

不过，“要是大家都这么做呢？”这个假想的普遍化结果，也可具有饶富兴味地解释作用。

无论如何，有两种情况必须加以区别。那就是“普遍化”涉及道德中立的行动，还是被评定为道德上有缺陷的行动？

道德中立的行动

提出“要是大家都这么做呢？”的问题，是要让我们认

---

〔1〕 康德在思想前后不一的表现上，加入意愿的矛盾。他说，把规则的内容定为永远不应该帮助他人，这条规则不可能成为普遍的法则。因为那是意愿的矛盾。实际上，没有人会希望大家永远不去帮助他人，因为每个人在有需要的时候，都会希望别人来帮助自己：Kant，*Fondement de la métaphysique des moeurs*, *op.cit.*，p.98-99。我只想强调，无论是思想上的不一致，或是意愿上的矛盾，都和“要是大家都这么做呢？”这类语句所预告的实践后果毫不相关。

〔2〕 Bernard Williams，«L' amoraliste»，dans *La fortune morale*，trad. Jean Lelaidier，Paris，PUF，1994，p.6.

识到，有些行动本身不是坏事，也不是没有理性，但如果很多人在某些相互依存的状况下，同时做了这些行动，就会变成没有理性的坏事。[1]

我们可以想到把全部存款从银行提出来的行动（如果有存款的话），行动本身不是坏事，也不会没有理性，但如果大家同时这么做，结果可能非常糟糕。

我们还可以想到挤满人的舞厅里发生火灾，出口只有一个。为了逃生急忙冲向出口，既不是坏事也不是没有理性，但如果所有人同时这么做，没有想到其他人的话，结果可能是场灾难。

道德上有缺陷的行动

然而，在那些让我们操心不已的情况中，“要是大家都这么做呢？”的问题，并不涉及道德中立的行动，比如把存

〔1〕 思想实验“犯人的两难”把这类状况形式化：Robert Nadeau, *Vocabulaire technique et analytique de l' épistémologie*, Paris, PUF, 1999。假设警察怀疑你与同伙持械抢劫。某个老练的警察局长希望拿到口供，因为他知道他们没有足够的证据起诉你们。于是他对你提出以下交易：“如果你能招供而且揭发同伙的话，就可以放你出去，让你同伙坐十年牢。如果你们两个都不招，每个都得坐两年。如果你们两个都招的话，各坐牢六年。”你知道局长会和同伙做同样的交易。乍看之下，你要是招供会比较好。如果你招了而另一个不招的话，你就自由了。如果你招了而另一个也招了，两人都坐六年。可是如果你不招而另一个招了，你得坐上十年的最高罚则。对那个同伙可以进行同样的推理：他应该也会想要招。整体看来，两个都招了是很合理的。然而，这不是最理想的结果。它既不能给出最佳的整体结果（甚至可说是最糟的结果：一共坐牢十二年，而不是没人招供的四年，或只有一个招的十年），也不能保证个人获得最佳结果（每人各坐六年，而不是没人招各坐两年）。

款从银行里拿出来。

该问题所指的行动，每一个乍看之下都有道德缺陷，像是在风雨交加的夜晚拿走陌生人的雨伞、插队，或者到某家聚会是唯一一个空手去又把别人带去的东西大吃特吃的人。

这个问题的用处是什么？

义务论者会说，什么用也没有。在他们看来，“要是大家都这么做呢？”只可能和社会性有关：我们可以问，如果这种行为很常见的话，那么对它的容忍度会更强还是更弱。不过这样的问题和道德一点关系也没有。当它涉及的罪行公认重大时，我们更能看到这个问题的空洞。惩罚残忍的谋杀犯时，没有人会问“要是大家都这么残忍谋杀怎么办？”之类的问题。

当然，插队或吃白食不是那么严重的罪行，但绝不是正当的行为。义务论者认为，只要知道这么做不正当就够了，不必再加上“要是大家都这么做呢？”，这种问题完全多余。

尽管如此，万一我们的目的是找出论点让没有道德感的人改变行动，那么使用义务论者的道德理由，像是“你不该这么做，因为这样是错的！”，其实一点用也没有，因为主角正是对这类型的理由毫无感觉。必须跟他讲讲别的道理：“要是大家都这么做怎么办？”不过这样说有没有用？

乍听之下，这种话对没有道德感的人而言，一点影响也没有。“要是大家都这么做呢？”指的不是“如果你插队、如果你吃白食、如果你在雨夜中偷别人的伞，害的是你自己”。当然，如果有人这样说，实在蛮可笑的，因为完全不是这么回事。

如果要当作论点，“要是大家都这么做呢？”倒是和后果有点关系。求助于这个论点的目的，似乎是让插队的人、吃白食的人或雨夜中“借”伞的人能理解，他们什么也不做，只是活得像是道德体系中的“寄生虫”。[1]

要是再也没人遵守排队规则、再也没人带东西参加聚会、再也没人把伞放在伞筒里，这个没有道德感的人就不可能再插队、揩油、雨夜中拿走陌生人的伞。因为他之前靠的是多数人都遵守道德规则，才能享受不遵守规则带来的好处。

然而，没有道德感的人，不见得会因为被指控为“寄生虫”而吓到。他完全有理由不在乎这种道德主义的评价。

要让没有道德感的人心生疑虑，那么“你希望别人也这样对你吗？”，会不会是更有效的论点呢？

你希望别人也这样对你吗？

这个论点必须和同判报复区别开来，后者秉持报复的

---

〔1〕 Williams，«L’amoraliste»，*op.cit.*，p.6.

原则，准许我们："以眼还眼，以牙还牙！"[1]

"你希望别人也这样对你吗？"是辩论型的问句。当你对某人造成伤害，例如打掉他一颗牙时，大家有此一问，期待的答案是"不"。可是这个回答完全没有说出你应该承受的处罚（甚至没有提到你应该接受处罚），更没有让那个被你打掉牙齿的人也打掉你一颗牙。

"你希望别人也这样对你吗？"似乎更接近著名的黄金律，而不是同判报复。黄金律写道，"不想要别人怎么对你，就不要那样对别人"，或是"想要别人怎么对你，就先那样对别人"。这就不是报复的原则，而是善心的展现。[2]

然而，黄金律跟同判报复一样，属于具有特定内容的相互作用，[3]明确指出什么是该做的：对待他人要用我们希望他人对待我们的方式，以及不要对他人作出我们不希望他人对我们做的那些事。

然而，如果大家盲目地跟着教条走，可是会导致一些荒谬的结论。受虐狂说不定可以虐待别人（想要别人怎么对你，就先那样对别人）；不希望自己的盲肠被切除的医生，

---

〔1〕 Harry J.Gensler，*Questions d' éthique.Une approche raisonnée de quelques perspectives contemporaines* (1998)，adaptation française Michel Paquette，trad. Marie-Claude Desorcy，Montréal，Chenelière-McGraw-Hill，2002，p.149.

〔2〕 Harry J.Gensler，*Questions d' éthique.Une approche raisonnée de quelques perspectives contemporaines* (1998)，adaptation française Michel Paquette，trad.Marie-Claude Desorcy，Montréal，Chenelière-McGraw-Hill，2002，p.149.

〔3〕 *Ibid.*，p.140-158.

也不该切除病人的盲肠（不想要别人怎么对你，就不要那样对别人）。[1]至于“你希望别人也这样对你吗？”，就没有明确的内容，它只是要测试我们的态度有没有偏私。

怎样才能把它用在拿走别人雨伞的情形？

我们的前提是：你不喜欢别人在暴风雨的夜晚拿走你的雨伞（否则这个论点就失去它的作用了）。

如果你是公正的人，绝不会认为：要是别人拿走我的伞，它就属于道德事件；但如果拿走的伞不是我的而是其他无论谁的伞，那就不是道德事件。

当然，如果别人拿走的是你的伞而不是另一把伞，极可能对你造成心理上的差异。可是如果你以毫不偏颇的角度看事情，对你来说，它不会有任何道德上的差异。

秉持这个不偏袒任一方的角度，至少你有了一个理由，不会在雨夜拿走某个陌生人的伞。也正是这个同样的理由，必须用来阻止别人拿走你的伞。[2]

问题是（进行道德思考的时候总有新的问题会跳出来），这个理由不见得能支配你的行动。

你可以找出一个做还是不做某件事的理由，然后又发现一个更有力的理由，让你不这样做。

你可以找出一个做还是不做某件事的理由，然后又缺

〔1〕 *Ibid.*, p.140-141.

〔2〕 Nagel, *Qu' est-ce que tout cela veut dire?* , *op.cit.*

乏个人动机来这样做。[1]

别再管没有道德感的人了!

如果没有道德感的问题,不是出在他缺少道德理由去做某些事,而是缺少个人动机去照着做,那么再怎么教训他也毫无益处。

重复那些他已经知道的事有用吗?[2]

要让他离开道德惰性,我们唯一能做的是加强他的个人动机,以便按照道德规则行事,意思是指不要向他重复行动的道理,而是找出能让人行动的原因,无论是生理的、心理的或是社会的原因。

所以要改变没有道德感的人,最好让他接受道德制约程序,也许不必像伯吉斯(Anthony Burgess)的《发条橘子》那么激进,但这种方式不见得有什么道德价值。[3]

---

〔1〕　在道德哲学的领域中,我们称那些接受"可以具有行事理由但没有相应动机"的人为"外在论者",和他们意见相左的是"内在论者",后者认为如果没有动机,是因为不见得能找出理由。行为缺乏道德感的可能性,通常援用为对外在论有利的论点:David O.Brink,*Moral Realism and the Foundations of Ethics*,Cambridge,Cambridge University Press,1989,p.46–50;参见本书书末"词汇",也可获得更完整的看法。

〔2〕　亚里士多德检视 akrasia (意志力薄弱) 的问题,就已经用形象化的方式,引用下面这句格言作为他的论点:"水让你受不了的时候,应该喝什么?"*Éthique à Nicomaque*,trad. J.Tricot,Paris,Vrin,1983,livre Ⅶ,1146b.

〔3〕　一九七一年,库柏力克 (Stanley Kubrick) 将伯吉斯这部小说搬上大银幕,讲述一个非常暴力的年轻人被判长期监禁,为了早点出狱,接受了可怕的制约疗法来控制自己的冲动。

如果不进行这类改造计划，而是干脆不要管这些没有道德感的人，会不会比较好？

知道这世界上一定有这样的人，并且与他们和平共处，会不会比较好（当然我们还是要提防这些人）？

07

经验机器

你的人生充满挫折与失意，些许不足道的成就与无法完成的梦想；你愿意用它交换一个称心如意的生活吗？但这个生活并不真实，它由科技或化学药品所控制。

假设有一种机器，它能让你经历各式各样你想要的体验。

了不起的神经心理学家可能有办法刺激你的大脑，让你相信并且感受自己正在写一部伟大的小说、正在迈向一段伟大的友谊、正在读一本有趣的书，或任何一件让你高兴的事。不过，你要一直待在机器里面，把一些电极片贴在头皮上。你可以自行决定想要的体验程序，两年之后，你可以离开机器几个小时，去选择之后两年想要的程序。当然，一旦你使用这部机器，你就不再知道自己是谁，因为一切都跟真的一样。

你会不会参加呢？

不要拘泥在一些小问题上，像是万一所有人都去体验了，谁来保障机器的运行！[1]

---

〔1〕 实验出自 Robert Nozick，*Anarchie，État et utopie*，*op.cit.*，p.64。

这个思想实验是用来证明，所谓“享乐主义”的想法是错误的。[1]

享乐主义者认为，重要的事是拥有愉快的感受，说得更充分一点，是拥有符合我们喜好的感受。至于这些感受是真实或虚幻、深刻或肤浅、运用化学方法或自然产生、是片刻的狂欢或持久的享受，都没有任何道德方面的重要性。人造的天堂与真正的天堂在道德上没有任何不同。失去自我，也没有任何道德上的意蕴。

如果享乐主义是对的，每个人都应该想要连上经验机器！

然而，发明这个思想实验的诺齐克（Robert Nozick）说，我们（也就是人类）不会想要连上经验机器。他提出三点直观型理由来支持这个假设：

（1）我们想要实际做这些事，而不是植入做这些事的经验。

（2）我们想成为具有特定类型的人，而不是定义不明的物体，让人把电极插在上面。

（3）真实的世界与真正的生活在我们的生命中具有根本的重要性。

让我们姑且说这个假设是正确的，大部分人不接受把

---

〔1〕 Felipe De Brigard, *If you like it, does it matter if it's real?* , Philosophical Psychology, 23, 1, 2010, p.43-57.

自己连上经验机器。甚至进一步假设，经过大规模的调查之后，发现百分之百的作答者都拒绝连上这部机器。不过有个问题还是没解决：在诺齐克看来，人们不愿意这么做，证明了愉快的感受不是生命中唯一重要的事。不过这是唯一可能的诠释方法吗？

不是的！我们还可以假设，例如否决的起因来自非理性的心理排斥、针对所有非“天然”的东西，或是想到有电极贴在头皮上就恐慌，以及其他种种。不过最近出现了“其他的”最佳解释方法，哲学家要很机灵才会提出这个建议。[1]

惯性

如果我们拒绝连上经验机器，不是因为制造出来的经验比现实或真实来得不重要，而是因为如果我们答应了，目前的生活状况会面临过多改变。

我们都有某种惯性，不想过于突兀地改变现状。指出众人会拒绝经验机器的预言，就是以这个为根据。

可是本着同样的说法，万一我们连上了机器，就不会想离开它。因为那也是剧烈的改变，有违我们的惯性。

巧妙之处在于，考虑过这两个假设，尤其是第二个假设

---

〔1〕 Felipe De Brigard, *If you like it, does it matter if it's real?*, Philosophical Psychology, 23, 1, 2010, p.43-57.

之后，可以发现：我们原则上一点也不反对靠着经验机器过日子。

如果确实如此，也就是我们原则上一点也不反对靠着经验机器过日子的话，诺齐克就错了；而且近半个世纪以来，所有相信他已经把享乐主义击倒的哲学家，也都错了。

这个假设的建立以解说模式为基础，灵感来自某些经济学家的研究，他们称这种模式为现状偏差（status quo bias）。要检视假设，只要改变思想实验的表达方式就行了。于是问题不再是：

“你愿意放弃现实生活，连上经验机器吗？”

而是：

“你宁愿留在经验机器中，还是回到现实生活？”

经验机器的思想实验，以非哲学系的学生为实验对象，根据以下原则提出了三个新剧本：

“你在经验机器中，有人建议你回到现实生活。你愿意吗？”

一号剧本

某天上午，有人来敲门。开门后，有个官员对你做了以下宣布：

“我们很抱歉要通知您一件事，目前发生了一项严重错误，而您是受害者。几位成就卓越的神经心理学家，把您连上了经验机器。这些科学家刺激您的大脑，让您以为自己在跟朋友聊天、撰写伟大的小说、阅读有趣的书，以及任何一件如您心愿的事。

“可是事实上，它们全都只是大脑的刺激作用。您一直都和机器相连，头皮上贴着电极片。

“我们对所发生的事向您致上万分的歉意，也因此向您提出两个选项：继续和机器连着，或是回到您的现实生活。”

请选择，并告诉我们原因。

二号剧本

故事和第一个剧本相同，但是结尾加上这个细节：

“现实中，您被关在监狱，而且是关在危险犯人区。

“您希望继续和经验机器相连，还是回到现实生活？”

请选择，并解释为什么。

三号剧本

故事和第一个剧本相同，但是结尾加上另一个细节：

“现实生活中，您是富有的大艺术家，住在豪华的大宅里。

“您希望继续和经验机器相连，还是回到现实生活？”

请选择，并解释为什么。

三个剧本的摘要如下：

（1）中立

你希望继续和经验机器相连，还是回到现实生活？

（2）负面

你希望继续和经验机器相连，还是回到现实生活——被关在监狱的危险犯人区？

（3）正面

你希望继续和经验机器相连，还是回到现实生活——当个住在大宅里的有钱艺术家？

对于负面剧本，是否选择真实人生回到监狱，有百分之八十七的作答者说更希望留在经验机器里。

我们不能说这个结果十分令人惊讶，但它足以证明诺齐克错了。现实不是永远受人欢迎！

至于中立的剧本，只有百分之四十六宁愿待在机器中。百分之五十四的人希望回到现实人生，没有过问现实生活中的自己是什么样子，似乎把摆锤摇到了另一边。

可是正面的剧本却让现实不见得受欢迎的想法，取得了领先地位。在这个剧本中，选择真实人生就能以富豪的身份回到大宅邸，但仍然有百分之五十的作答者乐意和机器连在一起！这个结果真令人费解。既然知道将会拥有大亨的生活，为什么还要留在经验机器呢？

于是“偏好无论哪一种现状”这个假设就起了作用。

你对于目前自身的状态多少带有不理性的偏好，使你选择继续留在经验机器，即使回到真实人生的灿烂前景也一样。

根据这个调查，我们可以得到一些结论去支持享乐主义，同时指出诺齐克的实验不足以驳倒享乐主义。

同时，我们似乎能针对种种道德直觉是否成立，得出更广泛也更重要的结论。

如果有人问："你是否同意连上经验机器？"料想大家会回答："不同意。"

结论必定是，人类直觉和享乐主义志趣不相投。

要是有人问："你是否同意离开经验机器？"回答会有变化。不过总的来说倾向于惯性表现——大家比较愿意待在机器中。

结论必定是，人类直觉和享乐主义志趣相投。

于是我们面对两个互相矛盾的结论：根据直觉，我们既是享乐主义者，也不是享乐主义者。

要顾全这些直觉的一致性，采用安于现状的假设是有可能的。在这两个情况中，我们的保守主义倾向会排除突如其来的大幅改变。

可是如果安于现状的假设成立，代表我们的道德直觉总是会受到某种奇怪心理的影响：保守主义或惯性。

要因为这样就说，道德直觉在我们的道德认知上没有任何价值？这需要更进一步的讨论。

无论如何，如果我们认为惯性倾向是不理性的，那么我们就接受了一个道德认识论的问题。

道德直觉如果是不理性的，又怎么才能用来支持或反对某个道德理论，无论是享乐主义或其他什么理论？

08

生命即使短暂平庸也比没出生要好？

在什么情况下，小孩会对妈妈说把他生出来是个错误？

妊娠风险

有两个准备生孩子的女人。[1]第一个在怀孕三个月的时候，医生对她宣布了一个好消息和一个坏消息。坏消息是胎儿带有畸形，虽然畸形的情况不至于给孩子带来悲惨的生活或是让孩子不值得活下去，但仍然会严重影响他的生活质量。好消息是这种畸形要治好很容易，只要母亲吃一种没有副作用的药，孩子就能摆脱残疾。

第二个女人在怀孕之前去看医生，准备停止避孕。医生对她宣布了一个好消息和一个坏消息。坏消息是以她当时的健康状况，要是三个月之内怀孕了，胎儿会有无法治疗的残疾，和前一个女人情形一样，会给孩子的生活质量带来相同的影响。不过好消息是，这种病理上的影响是暂时性的，如果她能先等三个月再怀孕，孩子就能摆脱残疾。

---

〔1〕 出自 Derek Parfit，*Reasons and Persons*，Oxford，Clarendon Press，1984，p.367。

假设第一个女人忘了吃药，而第二个没有等三个月就怀孕了，使两个孩子生下来有同样严重的残疾。

它们的道德蕴含是否相同？很难说。

第一个孩子可能对母亲说："因为你不吃药，所以对我造成损害。如果你吃药的话，我的生活会更美好。"

不过第二个孩子不能说："因为你没有等三个月就怀孕，所以对我造成损害。如果你等的话，我的生活会更美好。"

他不能这么说的原因很简单，因为要是他母亲等了的话，生下的孩子就不会是他！

生命有不容忽略的残疾，但不至于悲惨到不值得出生。这种情况是否比完全没出生要好？[1]

---

〔1〕 Peter Singer, *Questions d'éthique pratique* (1990), trad.Max Marcuzzi, Paris, Bayard, 1997, p.126.

09

我宁愿自己没出生

就算我有个值得过的人生，但如果没有出生会不会更好？

有个朋友对你说：

“我过得很幸福，生活充满快乐，甚至有许多非常高兴的时刻。无论是感情还是工作，都能获得深刻的满足。我充分感到自我的实现。而且，这种幸福感并不是短暂的：在我的生命中，时刻都能感受到它。”

你注意到这天不是四月一日，朋友不是在开玩笑，也没喝酒，看不出他有什么比一般人不正常的地方。这不过是个真正感到幸福的特例！

你向朋友道贺，说你为他感到高兴。按理他应该觉得更幸福。他谢谢你，然后加了这句话：

“我这一生很值得，但我宁愿没出生。”

在哲学家威廉斯（Bernard Williams）看来，你朋友简直胡说八道！你朋友在同一个句子里反驳了自己。

确实，威廉斯表示过“我宁愿没出生”就代表“我的人生不值得”。[1]要是说话的对象头脑还算清楚，根本不需要明说。

当某人听到“我宁愿没出生”，会自动理解为“我的人生不值得”。

所以“我这一生很值得，但我宁愿没出生”，是个自相矛盾的命题。

威廉斯说得对吗？“我这一生很值得，但我宁愿没出生”，这真的是个不一致的说法吗？[2]

这类陈述产生的第一个问题，就是什么是“过得很值得”，这个问题没有一致同意的回答。

有些人会要求利用客观条件来定义这种生活，有些人则任由每个人凭着自己的意愿判定。这两种状况稍后都会考虑到。

还有第二个问题就更复杂了，亦即大家很难理解什么叫作“宁愿自己没出生”。

从字面上看，它指的不能是我们没有出生的状态，因为我们根本不知道没有出生会是什么样子。既然如此，我们怎么会“宁愿”是那个状态并选择它，说它比我们眼前的状态更好？

---

〔1〕 出自 Bernard Williams，*Resenting One's Own Existence*，dans Making Sense of Humanity，Cambridge，Cambridge University Press，1995，p.237。

〔2〕 Saul Smilansky，*Ten Moral Paradoxes*，Oxford，Blackwell Publishing，2007，p.101.

所以比较合理的想法是认为，“我这一生很值得，但我宁愿没出生”这句评论，针对的是我们拥有的生命。

不过这么一来，怎么可能认为威廉斯说得没道理呢？怎么能不认为，要是有人情愿没出生，一定是因为生命中有些不顺利的事，尽管我们不知道是什么事。所以“我这一生很值得，但我宁愿没出生”，可能是指：“我以为我的一生过得很值得，但事实上，客观地说，并不是这样，要不然的话我就不会说宁愿自己没出生了。”

没有出生是否比过着不道德的生活更好?

然而，“我这一生很值得，但我宁愿没出生”这句话，也可能有别的含义，但不是建立在我们搞错了自己的生活质量的想法上。

让我们仔细想想下列情形：

（1）我这一生很值得，但我必须付出那么多努力才能这样，以至于宁愿自己没有出生。[1]

（2）我这一生很值得，但我必须经历那么多可怕的考验才能这样，以至于宁愿自己没有出生。[2]

（3）我这一生很值得，但它终究会结束，我会死，这个

---

〔1〕 Saul Smilansky, *Ten Moral Paradoxes*, Oxford, Blackwell Publishing, 2007, p.101.

〔2〕 *Ibid.*

前景让我如此恐慌，以至于宁愿自己没有出生。[1]

(4) 我这一生很值得，但我毕竟作出了那么多不道德的行为才会这样，以至于宁愿自己没有出生。[2]

(5) 我的一生从个人或主观的角度看来，过得很值得；但若是从非个人或客观的角度来看，一点意义也没有，这种荒谬的感觉如此沉重，以至于宁愿自己没有出生。[3]

所有这些回答都没有精确的内容，但都意味着：

"我这一生很值得，但我宁愿没出生。"

可是它们也都能代表：

"经过全盘考虑之后，我的一生其实没什么意思，所以我才宁愿没出生。"

有没有可能为"我这一生很值得，但我宁愿没出生"这个命题，找到没有歧义的见解呢？

---

〔1〕 感谢 Valérie Gateau 提出这个假设。
〔2〕 感谢 Patrick Savidan 提出这个假设。
〔3〕 感谢 Jocelyn Benoist 提出这个假设。

10

为了让动物自由必须把它们除掉？

如果动物不是物品，大概就不能买卖它们和吃掉它们。难道这样不会导致所有非野生动物的全面消失？这是我们希望看到的吗？

救生艇与黑猩猩

一艘满载的救生艇在汪洋大海中遇上了暴风雨。

艇上搭载着年轻人、衰弱的老人与昏迷的人，以及同样数目的年轻黑猩猩，健康又充满活力。[1]

如果不减轻救生艇的载重量，大家都得死。

把一只或几只黑猩猩推下海，就算它们比昏迷和衰弱的老人更有理性、更合群，而且没有其他理由，只因为它们不是人类。这么做公平吗？

大家会以“临界处境”或“边缘处境”，来形容这类特别触目惊心的剧本。[2]

这些“临界处境”当然带着思想实验的身份，不具任何

---

〔1〕 Jean-Luc Guichet,《Questions contemporaines d’anthropologie et d’éthique animale: l’argument antispéciste des cas marginaux》.(未公开发表)

〔2〕 辛格只是提到了这个处境，就被禁止在德国发表演讲，理由可想而知。

政治蕴涵，作用是阐明以下推理：

（1）有些属性与能力会被当成是否属于道德社群的标准。所谓道德社群，就是某种特定的生物类——不能被看作只是拿来吃、拿来利用，一旦失去用处就抛弃的东西。在这些标准里，最被看重的是自我意识、规划与预想的能力、讨论与选择的能力，具有像是快乐或痛苦的感觉，以及恐惧、喜悦与怒气等的情绪。

（2）然而某些非人类动物比某些人类，拥有更多这类属性与能力。于是，边沁（Jeremy Bentham）就说了："成年的马或是狗，还有其他许多有灵性的动物，显然要比刚出生一天、一周或甚至一个月大的婴儿来得更有理性。"[1]

（3）边缘处境的论证是在冲突出现的时候，考虑是否有在道德上站得住脚的说明，能让我们作出偏袒人类的决定（他们具有的特定属性与能力比非人类少）。

（4）所谓"物种歧视"，是指即使在上述的处境中，态度仍然必须偏向人类。至于"反物种歧视"，则是质疑这种选择是否合乎道德。

事实上，物种歧视者选择的是对人类的某种正向歧视。

正向歧视就是系统式地（申请大学、公共生活等）偏好

---

〔1〕 Jeremy Bentham, *Introduction to the Principles of Morals and Legislation* (1789), chap.17, trad. par Alberto Bondolfi dans *L'homme et l'animal.Dimensions éthiques de leurs relations*, Fribourg, Éditions universitaires Fribourg Suisse, 1995, p.73.

某些人，不是因为他们的个人才能（知识的、体格的）表现优异，而是因为他们属于某个特定类型（最贫穷的、少数民族等）。

物种歧视者以同样的方式偏袒人类成员，无论是从道德的观点还是从其他观点，甚至当他们个别的能力低于动物时也不例外。

问题当然是要了解，有什么道理可以让我们说，偏袒人类的“正向歧视”是对的。

反物种歧视者对“临界处境”的论点属于连续主义，也就是不认为人类动物与非人类动物之间，在道德上有什么不可逾越的鸿沟。应该依据每个动物个体自身的素质（例如痛苦或理解的能力）加以评判，而且可以是人类与非人类都具有的素质。

有些哲学家认为，连续主义的论点纯粹是故弄玄虚，因为用他们选择出来的特质，很容易在人类与动物之间建立起连续性，例如感受快乐与痛苦或是群居的特性。他们表示，只要用另外一些特质来作标准，就可以看出人与动物的区别是不可逾越的。还有些哲学家根据康德就自然与自由之间的区别，主张人与动物的区别。其他则是建议采用“物种的一般性质”为标准：体型或社会归属。

这些都不是决定性的标准。

“自然”与“自由”

吕克·费希（Luc Ferry）说：“我们根据哪个理性或仅仅合理就好的标准，可以声称在所有特殊的处境中，都必须更加重视人而不是动物？为什么要牺牲健康的黑猩猩而不是植物人？如果我们采用某个标准，而它能阐明人与动物之间具有连续性，那么辛格说偏袒植物人是‘物种歧视’，或许就有道理。相反地，如果我们采用自由标准，认为即便是在只表现出人性残疾的情况下也必须尊重人性，这种说法亦不无道理。”[1]

费希所说的“自由”，是指没有利害关系的行动，不能化约到考虑一己私利、寻求快乐与避免痛苦的行动，而这正是非人类动物所无法办到的。

不过他那挖苦的阐述却是完全失败。他表示我们“看过人类为了保护鲸鱼奉献自我”，可是相反的情况少之又少。[2]事实上，没有利害关系的利他行为，在动物世界里并不缺少，有时还会出现在不同的物种之间，[3]甚至是动物对人类的无私奉献。难道费希以为，狗儿为主人作出牺牲完

---

〔1〕 Luc Ferry, *Le nouvel ordre écologique.L' arbre, l' animal et l' homme* (1992), Livre de poche, p.86.

〔2〕 *Ibid.*, p.84.

〔3〕 有很多例子都是不同动物物种之间的互助行为：尼罗河中的虾子为掠食者清洁口鳃部位、鸟儿会保护鳄鱼蛋等。这些例子出于加布里（Nicolas Gabriel）的纪录片《动物的互助行为》（*L' entraide animale*），Saint Thomas Productions，1998。

全是卡通情节？

个体与物种

邦多菲（Alberto Bondolfi）提议，用个体潜在能力与个体所属物种能力的标准，取代个体现实的能力。

他的论证如下：〔难处〕和所谓的“边缘处境”有关。让我们回顾一下，人类“通常”具有理性与自由意志，但这些特性并不会出现在这个物种的所有成员身上。新生儿、人类胚胎、智能障碍，或是睡着的人、昏迷的人，没有人能把他们排除在人类物种之外。基于什么理由，让我们尊重他们的生命权？我们必须重新检视物种歧视者没有经过深思熟虑的论证，并提出更有力的标准。[1]

他认为这个标准应该是物种成员的潜能本源。“不是奠基于一个个人，或是／以及动物于现实生活中感受眼前痛苦的素质与能力，而是基于一般人认为能够拥有的素质与能力。”[2]

要是不承认自愿终止妊娠与医方提供死亡协助有任何合理性，很难知道要怎样才能不把该项标准用在人类胚胎与无药可治的病危患者身上。不过这个结论有点走

---

〔1〕 Alberto Bondolfi, *L'homme et l'animal. Dimensions éthiques de leurs relations*, *op.cit.*, p.39.

〔2〕 *Ibid.*

过了头，与许多合理的信念不相符合，所以不容易让人接受。

社会归属与身体形态

纪谢（Jean-Luc Guichet）想指出，反物种歧视奠基于对许多标准的刻意排除，诸如社会归属与身体形态。[1]

社会归属："人类的边缘处境其实没有那么脱离社会：他们不是凭空出现，他们经由父母与家族关系，和其他人类发生联结、拥有姓氏等。所以和某人打交道，即使那人有智力障碍，我也不是只和他产生关联，而是和他所有的亲族产生关联，更广泛地说，是和特定的社群（种族、地域、社会职业、国家等）产生关联，他和这些社群有从属关系，这些关系会取代他来要我做个交代。"

身体形态："人类身体的整体形态，对我们来说并非无关紧要，而是具有真正的伦理信号的价值。事实上我们没有时间确认，每天与自己擦身而过的，是否真的是人，而是一直习惯以他们的身体来把他们当成人，这样的条件反射有真正的伦理学上的识别作用。单纯的人类躯体，没有语言、赤裸的、没有表情，甚至一无所有、仅仅是最简单的形象，其实就是'动物'，但这样的躯体在我们眼中仍然保留

---

〔1〕 Guichet,«Questions contemporaines d'anthropologie et d'éthique animale: l'argument antispéciste des cas marginaux», *op.cit.*

了某些超越动物的东西:我们自有意识以来就认为已经具有的伦理价值。”

不过,纪谢自己也指出:“可是某个极度可怕的人,却不能凭直觉借由他的身体认出来,怎么办呢?”

此外,大家可以想一想,引用个体与人类团体的从属关系这件事,能在哪方面为物种歧视进行道德上的辩护。黑手党也会利用个体与团体的从属关系,主张自己的特殊待遇。不过他们很难用这项标准的道德价值来说服他人。

换句话说,身体形态的标准既非必要也嫌不足。因为有许多身体残疾的人。至于社会归属的标准,它的道德价值也颇令人怀疑。

其实要在人类与动物之间,找到好的论点来证明两者在道德上有不可逾越的鸿沟,并不容易。可是企图把非人类动物的地位,调整成和人类具有完全相等的地位,似乎也是注定失败。这个企图会导致自相矛盾的结论——已经算是最好的情况了。

如果我们对待非人类动物的方式,必须跟对待人类一样,一定要排除所有利用与工具化的形式,还要完全禁止将它们作为所有物,这样所取得的结果不会是非野生动物的解放,而是它们的绝种,消灭与绝育,无保留与无条件地消失。[1]在这种情况下，无论我们对动物的命运采取哪种态度，都不可避免提出下面这个问题：

非人类动物中属于某些种类的所有个体，会因为名义上获得解放，而实际上被迫消失；我们是否可以找到方法，避免这种悖论产生？

我们为动物提出这个问题的事实，在指出解放动物以及解放女性、奴隶、同性恋与少数族群之间，存在极大的差异。支持女性从男人的控制下解放出来，可以使女性失去当她处在性别差异强烈的社会时，所具有的某些特征，例如服从、乖巧。可是如果支持女性解放，使所有女性个体全员消失，那么对妇女解放大概会有不同的评价。

什么标准？

没有任何标准可以用来为人类和动物的道德分歧辩护，而不引起争议。

有没有什么标准可以找出不容置疑的方法，在人类与动物之间建立道德意义上的连续性？

边沁进行了著名的推理之后，提出过一种方法：感受

---

〔1〕 这部分的结论主要来自效益主义哲学家黑尔（Richard Hare，*Why I Am only a Demi-vegetarian*，dans Dale Jamieson，dir.，Singer and his Critics，Londres，Blackwell，1999，p.233-246），以及法学家冯希翁（Gary Francione，《Prendre la sensibilité au sérieux》[2006]，dans *Philosophie animale.Différence，responsabilité et communauté*，textes réunis par H.S.Afeissa et J.-B.Jeangène Vilmer，Paris，Vrin，2010，p.185-221）。

性。虽然我已经提过，但还是值得把这一段记录下来：

这一天终将到来，人类以外的动物将重获被人类暴政剥夺的权利，这些权利从来不应剥夺。法国人已经认识到，黑色的皮肤不能成为任凭一个人身陷施虐者的恣意妄为而遭弃之不顾的理由。终有一天也许大家会了解，长有几条腿、皮肤是否长有绒毛、骨孔是否闭合，这些都不能构成剥夺一个生灵享有与人类同等权利的原因。还有什么使动物解放不可逾越？动物是否拥有思考能力或是语言能力？成年的马或是狗，还有其他许多有灵性的动物，显然要比刚出生一天、一周或甚至一个月大的婴儿来得更有理性。从另一方面，这说法仍旧成立：问题不再是“它们会推理吗？”或是“它们会说话吗？”，而是“它们会感到难受吗？”。[1]

这算不算不容置疑的标准？

以痛苦为标准就够了吗？

边沁认为，关于动物，我们唯一应该提出的道德问题，不是它们“‘会推理吗？’或是‘它们会说话吗？’，而是‘它们会感到难受吗？’”。[2]

---

〔1〕 Bentham, *Introduction to the Principles of Morals and Legislation*, *op.cit.*; J.S.Mill, *Whewell on Moral Philosophy* (1853), dans John Stuart Mill et Jeremy Bentham, Utilitarianism and Other Essays, Alan Ryan, ed., Penguin Books, 1987, p.251-252; Peter Singer, *La libération animale* (1975), trad. Louise Rousselle revue par David Olivier de l' édition révisée (1990), Paris, Grasset, 1993, p.37.

〔2〕 Bentham, *Introduction to the Principles of Morals and Legislation*, *op.cit.*

这真的是唯一存在的问题吗？

我们可以看出以痛苦为标准是必须的。不过出于以下三个理由，我不认为只以痛苦为标准就够了：

（1）没有办法区别损失与损害。

（2）它会把现代化的大规模的无痛屠宰，排除在道德讨论之外（当然这是假定工业屠宰是无痛的，但真实情况很令人怀疑）。

（3）它没有确实考虑到“生命即使短暂平庸也比没出生要好”的可能性。

损失与损害

单纯造成身体上的痛苦，或是因为自己的行为使天平倾向痛苦那一边而不是快乐那一边，两者都不足以表示犯下了不公正的行为。为什么？只因为触及他人完整性、造成那人痛苦的事，并不全都构成损害。

猛烈的运动，例如泰拳、橄榄球之类，经常造成身体上的伤害；或是征得同意的外科手术，它会根据正规的医疗协议进行，都不能算是侵害或损害。

至于侵害或损害，我们必须能指出，因为不正当的行为，所以造成某个重要面向的损失。[1]例如：我们和某人结

---

〔1〕 出自拙著：*L' éthique aujourd' hui.Maximalistes et minimalistes*, *op.cit.*, p.81-84，参考出处：Axel Gosseries, *Penser la justice entre les générations.De l' affaire Perruche à la réforme des retraites*, Paris, Aubier, 2004, p.52-53。

婚，就剥夺了其他人和我们结婚的可能性，必定会因此造成他们的损失。可是我们能说这是“损害”吗？很难在因为和另一个人结婚，并因此赋予那人专属权的事实中，看出有什么不正当。

此外，为了显示某人有了“损失”，那么假定遭受损失之人的状况，必须要比先前的状况更糟糕才行。某人只有一条腿，要是他在车祸后，要求补偿他在车祸前就失去的那条腿，恐怕没人理他。

有些时候先前的状况很难确定。假设有个孩子带着残疾出生，但这个情况违背了父母的意愿，因为产科医生反对自愿终止妊娠，所以没有告诉他们胎儿的问题。想评估孩子遭受的损害，是否必须把他的状况和（按照他父母的意愿）如果没出生的状况作比较呢？但“没有出生的状况”会是怎样的状况？

这个问题也存在于食用动物与家畜身上。它们的选择可能是介于短暂平庸的生命与从来没活过之间。哪一个比较好？总之，从痛苦到损害之间，有许多复杂的问题。

最后一个例子。我们得承认，至少在某些特定情况下，“同意”会使侵害不成立，像是刚刚提到的，在搏击运动中受到伤害。不过，要是动物没有能力用足够清楚明确的方式表示同意，我们就不能主张，对它们造成的不是侵害而仅仅是损失。是否必须因此得出结论说，会对动物造成危害的行为类别，很有可能比会对人类造成危害的行为类别，涵盖的范围更大？

这就是我们对儿童所采取的态度。我们会对儿童造成比对成人更多的侵害，理由十分简单，因为他们完全无法对自己遭受的损失作出同意接受的表示。

对于动物，这当然是个矛盾的结论，因为我们往往认为，对动物造成的危害不会像对人类造成的一样多，正因为对动物而言，要表达同意或反对都不可能。

我认为大家可能会把动物的地位排在胎儿那一类，而不是新生儿。而且那些最反对堕胎的人士，会认为有意伤害胎儿或造成胎儿残缺，比使他完全消失更严重。[1]

而且所有人都认为，在任何情况下，虽然最好不要对新生儿做坏事，但是在罪行的等级上，杀了他比有意伤害更严重。

可以说，面对动物就跟面对胚胎一样，大家认为杀害不会比让它们受到虐待或变成残缺来得严重。由于杀掉动物的权利，带着某些假定是有用的目的，所以目前得以广泛接受。可是毫无理由造成动物肢体残缺，让它们遭受不必要的痛苦，已经越来越不被认可了。

---

〔1〕 大部分的人在强暴事件或确定会危害母亲性命的情况下，可以接受堕胎，不过他们大概不会允许同样或其他理由导致新生儿的伤害或残缺。

短暂平庸的生命或从来没活过

假定道德的临界处境或边缘处境的存在，足以在非人类与人类动物之间建立起某种道德连续性。从这一点我们可以得出两个相互矛盾的规范性结论：

(1)对待人类必须像对待动物一样。

(2)对待动物必须像对待人类一样。

第一个结论经过开展之后，会说对待人类像今天我们对待动物那样并不是不合理。动物，指的是让我们无止境地利用的生物。要是我们有办法、要是可以解决我们的问题，我们就能杀害它们，虐待、丑化它们，让它们沦为科学实验的物品。再者，接受这个原则只不过是让合法状态符合现实状态，不接受的话多少有点矫情。

第二个结论表示，对待动物必须像今天我们已经认可的对待人类的方式，积极的部分要考虑到它们的利益，消极的部分要排除所有利用与工具化的形式，停止将它们当作自己的财产。人类不应该被当作奴隶或是当作用来消费、实验的物品。动物也不行。

第一个结论在道德上是无法接受的，那个想法和我们所熟悉的任何道德观念相差甚远，也没有任何道德哲学曾经这样建议。

第二个结论看起来比较好，但还是会有问题。

如果我们对待非人类动物，完全像我们应该对待人类那样，积极的部分要考虑到它们的利益，消极的部分要排除所有利用与工具化的形式，还要停止将它们当作财产，这么一来并不会把饲养的动物从消费品、娱乐品之列解放，反而因为绝种与清除，使它们无保留与无条件地消失。

绝种

根据效益主义哲学家黑尔（Richard Hare）的说法，如果我们停止食用动物，肉品市场会崩解。为食用目的而产生的动物会越来越少，[1]不过生产乳品和蛋的动物可能还是会有，但数量比以前少。那些还能繁殖后代的动物，会变成野生动物或宠物，并失去我们所了解的特性。

因此，母牛、母鸡和猪渐渐消失，所有因为美感或美味而喜爱这些动物的人，个人的幸福感受跟着减少，属于动物的生活舒适总量也是。

黑尔认为，道德论点“着眼于杀动物是坏事的这个想法会完全崩盘，一旦我们了解、接受这个论点，动物数量就会大量减少，属于动物的生活舒适总量也会减少”。[2]

要让论点能被接受，必须把动物幸福的唯一标准定为快乐或是没有痛苦，而且我们要准备好承担英国哲学家帕

〔1〕 Richard M.Hare, *Why I Am only a Demi-vegetarian*, *op.cit.*

〔2〕 Richard M.Hare, *Why I Am only a Demi-vegetarian*, *op.cit.*, p.245.

费特（Derek Parfit）所说的“令人厌恶的结论”。[1]

以快乐和痛苦为标准

只有当屠宰动物以完全无痛的方式进行，它们在死后被食用的事实，才不会过度减少舒适生活的总量。这是边沁的推理。出于普遍效益的理由，他不认为动物无痛屠宰有什么障碍：“那会让我们感觉比较好；而对动物也不会造成更糟的感受。动物不像我们人类，面对未来的苦难有漫长的预期过程。”[2]

相同的推理，使今天投入动物权利的效益主义者，例如辛格，提出在科学领域进行动物实验的辩护。他们认为，如果从普遍福祉的角度而言，这类实验的好处的确大于它所造成的痛苦，而且，如果不可能找到其他有效的方式取代，就应该允许这类实验。

效益主义者不接受造成动物毫无理由的伤害或不安的行为，例如斗鸡、斗牛、为了娱乐进行的打猎或钓鱼、动物园、马戏团、用动物测试化妆品。我们在这些行为当中获得的乐趣或好处，“和它所引起的痛苦不成比例”。[3]

---

〔1〕 Derek Parfit, *Reasons and Persons*, *op.cit.*, p.387–390.
〔2〕 出自 Hare, *Why I Am only a Demi-vegetarian*, *op.cit.*。
〔3〕 同上。

黑尔基于这些效益主义论的前提，提出了一个思想实验，它或许能够符合为了食用而养殖动物不一定是坏事的想法："假如我们是养殖场里的鳟鱼？"

黑尔认为对于鳟鱼来说，生活在英国养殖场的池水中，虽然过不了丰富的一生，但不至于是件不愉快的事。他又说，就算鳟鱼最后被杀来吃，也不会觉得太过分，但条件是宰杀之前已经毫无知觉，而且过程利落。

"在经过全盘考虑之后，我很确信，如果能选择，我宁愿作养殖场的鱼，也不要作野生的鱼或是从来没有存在过。"〔1〕

黑尔在这个思想实验中，似乎接受了"令人厌恶的结论"。它的内容是什么？

令人厌恶的结论

根据帕费特的说法，数量庞大但短暂平庸的生命，在幸福计量的总和中，和少量漫长而幸福的生命相比，具有相同的价值。〔2〕这是效益主义无论如何都会支持的令人厌恶的结论，这也是为什么有些评论认为，它的整体构想在道德上有缺陷。

黑尔并没有说到上面那种程度，但他明确表示，对动物

---

〔1〕 Hare, *Why I Am only a Demi-vegetarian*, *op.cit.*, p.240.

〔2〕 Parfit, *Reasons and Persons*, *op.cit.*

而言，有个短暂而且平庸的生命（因为最后会结束在人类的餐盘中），还是比从来没活过好。

清除

法学家冯希翁（Gary Francione）认为，我们对待各种动物的方式，如食用、实验、陪伴、劳役与娱乐，之所以不正确，是因为我们把动物当作财产。[1]

在他看来："在道德与法律的层面上，确认动物能够感受痛苦的重要性，完全不会让我们在对待非人类生物时，改变采用方法的典型。"[2]

他说，我们接受动物会感受痛苦，从这件事来看，效益主义者的贡献非常宝贵。

不过，尽管效益主义者确实指出，非人类生物值得受到和人类生物相同的重视，因为前者能感受到和后者一样多的痛苦，但他们没有提出任何论点，以废止准许买卖、出租及消灭动物的法定条款。[3]

这个财产状态，正是我们让动物受到大量可怕遭遇的开端。

冯希翁表示，这就是为什么"捍卫动物权的人士，应该

---

〔1〕 Francione,《Prendre la sensibilité au sérieux》, *op.cit.*

〔2〕 *Ibid.*

〔3〕 *Ibid.*, p.205.

集中心力推动纯素食主义，提倡逐步废止人类以外的生物是人类财产的法定条款”。[1]

最后他还陈述了一段激进的声明：

“如果我们认真对待动物，而且如果我们认识到，不要把动物看成物品是我们的职责，我们就会停止生产驯养动物，同时也会除去大量生产的设施。我们理所当然要继续照顾眼前的动物，但我们不再是为了供给人类食用而养殖动物，而是让它们平静地生活。我们不再把动物当作食物、衣物，或用动物做成任何制品。纯素主义对我们而言是道德基本原则，这点毫无争议。”[2]

这段提议的逻辑性无懈可击，但是它的缺点是使所有的动物，野生动物除外，全都消失。而既然宠物不能被视为财产，也就毫无未来可言。

冯希翁认为，光是认识到这番推理的含义还不够，他还为它提出要求。在他看来，此事并不是让驯养动物自行生育就结束了。

“我们应该让所有活着的驯养动物绝育，这样我们才能确定它们会完全消失，一只也不剩：这是唯一能让动物结束奴隶身份的方法。让驯养动物在地球上消失——宠物与食

---

〔1〕 Francione，«Prendre la sensibilité au sérieux»，p.221.

〔2〕 引用来源 Kari Weil，«Liberté éhontée»，trad. Thierry Hoquet，Libérer les animaux? *Critique*，août-septembre 2009，p.665-666。

用动物一视同仁——这是弥补我们罪行的唯一可能。”[1]

我们会很犹豫要不要推动这类事情。别忘了，如果我们与动物的关系在道德方面有所进步，不只是因为现在有越来越多人认为应该用更好的方式来对待动物，而是因为我们已经不再把动物当作人类看待，也就是不把它们当作能负责任的生命——要为自身的行动负责。

中世纪时曾经因为动物造成治安混乱，出现过一些重大的法律案件，案件的审判合乎法律程序，许多动物被判死刑；现在已经没有这类案子，大概也不会有人感到遗憾——除了“蒙提巨蟒”剧团（Monty Python）的一些人物之外〔译注：作者指的应是该剧团成员克里斯（John Cleese）和帕林（Michael Palin）的电影作品《偷鸡摸狗》（Fierce Creatures），剧本出自克里斯〕。同样的历程也发生在儿童身上，当他们的利益与需求受到确认的同时，他们的责任能力也有了限制。

对待动物不要像对待人类一样，具有一些规范性理由，即使从道德的角度来看，似乎无法证实两者之间有任何根本上的差异。

对于非野生动物，有没有可能设想出某种关系类型，既能去除人类的不当占有，也不妨碍动物的继续繁衍？

---

〔1〕 引用来源 Kari Weil,«Liberté éhontée», trad. Thierry Hoquet, Libérer les animaux? *Critique*, août-septembre 2009, p.666.

11

效益怪物

我们可以从头到尾都坚持效益主义吗？

你觉得用活生生的动物做实验并不算不公平，因为你认为人类从中获得的好处加起来大于动物的痛苦总数。

你觉得为了饮食或服饰的用途饲养动物，不至于不公平，因为我们用的不是残酷而激烈的方式，人类能从中获得很多快乐，而动物并不会感到太多的不快乐，尤其是如果能用无痛的方式宰杀更好。

你认为道德上最重要的，就是在世界上制造最大量的生活舒适总和。

现在你可以要求加入效益主义者俱乐部了！

不过要是你进了俱乐部，你就会渐渐认为，把所有的财富交给少数几个人，让几十亿人过着贫困的日子，可能也挺公平的。

确实，你应该会得出这样的结论。如果能够证明那几个人陷入狂喜，而另外几十亿一无所有的人则听天由命并且没有什么痛苦，这时喜乐的总量当然超过痛苦的总量。

同样的推理应该也会让你觉得很公平：让单独一人占有地球上的所有产业，他的享用能力自然无穷无尽，就让其他所有人都为他牺牲吧。

这些享有无穷快乐的少数人，可以称为“效益怪物”(monstre d tilit)。[1]

如果这些结论真是不可避免的话，你还会准备一直留在效益主义者俱乐部吗？

---

〔1〕 实验出自 Nozick, *Anarchie, État et utopie, op.cit.*, p.62。

12

有人把小提琴家绑在你身上

你愿意为了救一个陌生人的命而固定在床上九个月吗？

一天早上，你醒来发现自己和一个陌生人躺在床上。你看见一整个管线系统，从背部把你们连在一起，管子里还有液体流动。原来有人趁你睡觉时，把陌生人连在你的背上！[1]

这是怎么回事？为什么要这样？

原来是爱乐社团的成员安排了这一切。他们先把你麻醉然后绑架，接着又说服医生把你和陌生人用管线连在一起，因为他们没有更好的办法来救他的命。后来你知道，那名陌生人是世界上最杰出的小提琴家，但罹患了严重的肾病，只有你的血才能用来慢慢清洁他的肾，那些输液管是医疗用的。

为了让你放心，医生说这个疗程只需要九个月。而为了让你知道医疗程序的重要性，他还说如果你拔掉管线，小提琴家立刻就会死。

---

〔1〕 实验出自 Judith Jarvis Thomson，*A Defense of Abortion*，Philosophy and Public Affairs，1，1，1971，p.47–66。

虽然一开始你根本没有答应要救他，但你当然可以表现得像个好心的撒马里亚人，牺牲自己九个月的光阴，来救这个不认识的小提琴家。

但要是你坚持把管子拔掉，会不会非常不道德？可是你也想知道，这样对一个要让你九个月无法动弹的外来者，算不算是正当防卫？从道德的角度来看是不是可以接受？

如果你的回答是肯定的，那么对于是否有道德权利可以终止非自愿妊娠的问题，你也必须给予肯定的回答，因为这是相似的事件，必须用相似的方法处理。

捍卫堕胎最激进的方式

对某些哲学家来说，如果有可能以决定性的方式证明胎儿是和新生儿具有同样权利的人，那么能不能人为除掉胎儿的问题就解决了。答案是：不能。

连在背上的小提琴家这个实验，就是要重新讨论这个论证。该实验提出以下问题。

即使大家都接受胎儿是人（至少是潜在的）难道没办法设想，有些处境会对母亲的生命或生活质量造成威胁，那么采取措施来反抗这些威胁合不合理？[1]

---

〔1〕 在 *A Defense of Abortion*，*op.cit.*，汤姆森对母亲的性命因胎儿状况受到威胁时的处境，引用正当防卫的论证。她主张正当防卫也可用来反对没有恶意的威胁，Bernard Baertschi 则对这一点提出异议(私人谈话)。

想想看，某人把你绑架，关起来好几个月，而且定期抽走你的血液与骨髓。道德上是否允许终止这种侵犯？

这样的思想实验让哲学家们发表了许多意见，这当然是好事。不过，这个为堕胎辩护的思想实验具有激进的蕴涵：如果认为可以终止绑架医疗，就必须接受可以终止妊娠，则并不是每个人都能接受的。

事实上，所有的讨论都围绕着一个问题，那就是：有人把病患绑在你的背上，以及非自愿怀孕，这两种情形是否足够相似？是否可以让我们在思想上接受以相同的方法对待？

对很多哲学家来说，很难把胎儿看成是侵入者，除非是妇女遭到强暴的情况。[1]由于女性对于自己同意的性行为负有责任，必须承担后果，接受怀孕状态直到生下胎儿为止。不过，也有很多人不认为一旦同意进行性行为，就必须接着同意怀孕，同时还有绝对义务将怀孕进行到底。

我们知道所有人（或几乎所有人）都认为，因为某些特定理由而终止妊娠，在道德上是允许的。除了少数狂热分子，很少有哲学家和神学家坚持绝对禁止堕胎的立场。他们认为在强暴、乱伦、胎儿严重畸形与危及母亲性命的情况下，是允许堕胎的。在这些情况中，让堕胎合法的论点是同

---

〔1〕 David Boonin, *A Defense of Abortion*, Cambridge, Cambridge University Press, 2003, p.133-276.

一个：没有将怀孕进行到底的绝对义务。如果母亲付出的代价过高，在道德上就允许终止妊娠。[1]基本上，它和汤姆森尝试厘清的东西没什么不同。整个问题在于：谁有道德权利来评估其中的代价？应该让谁来作最后的决定？

不过汤姆森和德沃金（Ronald Dworkin）一样，似乎排除了“便宜行事的堕胎”，例如有些人是为了不要挪动假期的安排而这么做。[2]我个人认为，应该让女性为她们自身的处境，自由作出她们评定为适合的决定，她们的理由不应受任何道德束缚。如果她们有堕胎的自由，那么无论动机为何都必须享有这种自由。因此，有哲学家把不要破坏假期“便宜行事的堕胎”排除在外，我不接受他们的立场，也不接受其他冠上“轻浮”之名的反对理由。

你呢？

---

〔1〕 这个论点出自 Nicolas Baumard，*Comment nous sommes devenus moraux.Une histoire naturelle du bien et du mal, op.cit.*，p.113-114。

〔2〕 Ronald Dworkin，*Life's Dominion.An Argument about Abortion, Euthanasia and Individual Freedom*，New York，Vintage Books，1994，p.33-34.

13

卫生部长是科学怪人

不应该扮演上帝的角色，或不应该过于违反自然，这个论点究竟有什么价值？

一号剧本：后人类

如果基因工程能大幅改善我们的肌肉、感觉、感情或认知能力，以及我们的身材与其他外形元素，我们目前对人类属性的辨识标准必定有所更改。

如果有可能运用化学或机械方式，在我们脑袋中诱引出各种信念、欲望与感觉，监视与操控心灵的技术就可达到更高的程度：甚至个人经验以及内在的意识自由这样的观念都无法抵挡。

如果天然或人造器官的移植不再有任何技术性的困难，那么我们对人体的神圣、不可分割、不可被他人利用的性质，以及人体与我们个人认同之间具亲密关联的种种想法，最终都会改变。

如果人类的生殖复制成为可能，我们大概会被迫放弃这样的想法：一无所知的未来，构成了我们的身份。

如果我们更加清楚也更能控制老化的过程，如果我们能以良好的健康状态无限延续生命，那么什么是“失败”或“成功”的人生，就不再有跟现在一样的定义。

如果有可能创造出超人类、后人类、类人类、赛伯人或不同物种嵌合人，我们对道德群体所划出的范围——指的是我们选择出来不能被当作物品对待、不是只能利用或食用的生物，这方面的种种看法或许都会彻底改变。[1]

如果所有这些知识与科技变得容易理解，人人都能用，必然给我们的生活带来实用的结果；谁要是否认这一点就太可笑了。

这些结果有可能全是负面的吗？它们会让我们的伦理观产生根本的改变吗？

目前我们还远远无法了解，未来生物医学技术的发展与运用会造成的一切后果。

我们可以预料，到目前为止我们关于人类本性的许多先入之见，可能因为这些蕴含而作废，我们对善的理解也会改变。

不过为什么这些会影响到我们对正义的理解，以及诉诸正义的要求？例如每个人都能平等享用自己想要的、由技术革新带来的成果。

你是否认为，就算所有人都能从这些生物技术中获得

---

〔1〕 Smilansky, *Ten Moral Pardoxes*, *op.cit.*, p.134–137.

同等好处，也必须禁止实现这些计划？

你是否认为，就算这些生物技术能用来消除人与人之间某些天生的不平等，也必须禁止实现这些计划？

你是否认为，禁止这些生物技术并不是在考虑正义或不正义的问题，而是单纯因为实现这些生物技术可能危害到我们对人类认同的理解？

你是否认为，禁止这些生物技术并不是在考虑正义或不正义的问题，而是单纯因为实现这些生物技术可能危害到我们对善的理解？

你是否认为，有可能接受这些计划中的某几项但不是全部，或者你认为全部都该禁止没有任何例外，因为就怕有某个恐怖的滑坡把我们从最能接受的程度，带到最可怕的地步？

二号剧本：太有人性

女性到了四十岁，还有一半的生命在前面等着，而且她们的平均寿命还能继续延长。有了医学进步的帮助，她们的健康状态维持得越来越久，仍然能掌控自己的能力与外表。冷冻卵子的技术可以让她们晚一点才生孩子，甚至过了更年期再生也不冒任何风险。在生育上和男性平等不再是个空想。

然而，大部分女性似乎不接受这样的远景。百分之九十二完全拒绝，而四十岁以下的法国女性，只有百分之八考虑冷冻卵子。而且在这些人当中，只有百分之三表示，如果真有这样的技术，她们“一定”会这么做；而百分之五则说，“大概”会这么做！[1]

为什么？

在她们的解释当中，有人说不应该“过于违反自然”。[2]可是她们对化学避孕方式的接受度很高。这难道不是很明显的舍弃自然吗？

不应该“过于违反自然”，这个论点有什么价值？

“自然”跟所有广袤的观念一样，具有好几个意思。弥尔认为它有两个主要的意思：[3]

（1）代表所有存在的东西，以及根据物理定律所有可以存在的东西（这就把奇迹排除在外，但没有排除基因改造物）。

（2）代表没有人类介入的世界会呈现的样子（这几乎直接或间接排除了地球上所有存在的东西）。

如果考虑第一个意思，那么人类必须遵循自然这句话就很可笑。因为人本来就只能遵循自然。所有他经历或感受的，都符合自然的定律。所有他做的、所有他制造的，也

〔1〕 IPSOS，*Enquête maternité*，2009.

〔2〕 *Ibid.*

〔3〕 John Stuart Mill，*La nature* (1874)，trad. Estiva Reus，Paris，La Découverte，2003.

都不可能违反自然定律(包括生物科技、基因改造科技)。

如果考虑第二个意思,那么人类必须遵循自然的想法,既不合理也不道德。

不合理:

人类的一切行动都在改变自然的运行,而且一切行动都对这种改变有用。不做任何"违反自然"的事,就等于什么都不做!也可以说"仿效自然"在第二个意思当中,意味着绝对禁止任何技术上的创新,包括用来切奶油的那条线。

不道德:

如果人做的全是自然会做的事,我们一定会觉得那就是怪物。

"事实上,我们会赫然发现,如果人类做出和大自然每天对人类所做的一样的事,人会被关起来,或吊死。大自然把人刺穿、把人粉碎像用车轮碾过、把人当饲料喂给猛兽、把人活活烧死、对人投石块像对待第一个殉难的基督徒;大自然让人饿死、冻死、用它迅速或缓慢的毒气让人中毒,还保留数百种其他骇人听闻的死法,就连纳比斯(Nabis)或图密善(Domitianus)富有独创性的残酷本领都未曾超越。"[1]

为了对弥尔表示赞同(这是我的习惯),我想补充一

---

〔1〕 John Stuart Mill, *La nature* (1874), trad. Estiva Reus, Paris, La Découverte, 2003, p.68–69.

点，以遵循自然（或禁止违反自然）为职责，在上述两个意义下，都严重背离了不少道德推理的基本规则。

声称人必须遵循自然（或不能违反自然），违反了以下这项规则：没有必要强迫人去做他们自己必定会做的事。

确实如此，如果人类的所作所为不可能违反自然法则（采用第一个意思），又何必郑重其事地说这么做是他的职责？何必嘱咐他去做他已经在做的事？

此外，为了说明什么是好或坏、正当或不正当，而以第二个意思诉诸自然，也会违反这个规则：不能因为事情是怎么样，就说它应该怎么样。

这个规则其实有以下的含意：

（1）某件事不是因为是自然的就是好的。

（2）某件事不是因为不是自然的就是坏的。

诉诸自然不仅背离了必须用相似的方法处理相似的事件这个原则，还会编造出各式各样的“滑坡论证”。

认为生物技术会造成“恐怖的滑坡”，意思是如果我们容许某个道德价值有争论的行为（安乐死、胚胎研究、堕胎等），最终就必定要容许另一些行动，而这些行动在道德上是绝对且毋庸置疑必须受到谴责的：大规模清除穷人、弱者、难看的人、残障或后期堕胎。

如果我们不要获得这些无法接受的结论，一开始就不要让危险的滑坡出现，因为这是滑坡论证的必然走向。

这个论点的难题在于，让我们必定得出可恶结论的理由可能是藏起来的，也可能毫无根据。

有关生殖复制的公共辩论是个很有意思的事件，因为我们清楚看见，不应该“过于违反自然”或“把自己当作神”的想法，带出许多轻率的滑坡论证以及其他道德推理的错误。

(1)生殖复制技术的开发，可能具有不良意图。可是其他的人工生殖技术也有这个可能，它们却没有因为这样就被禁止。例如没有人会认为必须完全禁止体外人工授精，因为也许有一天，某个政府会强迫妇女接受冷冻胚胎，以便为国添增人口，解决退休的问题。那么，为什么生殖复制一定会导向最坏的结果？这难道不是滑坡论证的谬误所造成的恐惧？

(2)就算我们基于某些理由，尤其是宗教上的理由，反对生殖复制的开发，我们也能理解那些以医疗为目的，而对生殖复制技术产生的高度需求。可是有什么理由可以用来支持以生殖为目的的生殖复制？这不符合没有必要禁止人去做他们绝对不会自愿去做的事。

(3)生殖复制时常受到谴责的原因是，这是一种对人的侵犯，因为以这种方式生下来的孩子，纯粹是工具性的计划产物。可是，如果必须禁止所有可以评定为“工具性”的生育计划，大概也没剩下多少计划可以进行。几个世纪以来人们养儿育女，就是为了生病或年迈时能得到照顾与供养。我们不能说这些亲子计划不具工具性。然而，似乎没有人认为这样的事特别不道德。

事实上，生孩子的计划一直多多少少带有工具性。人之所以要生孩子，难道不是为了确保相当程度的物质或情感保障，让自己的伴侣或父母高兴等？为什么唯有提到生殖复制的时候，生殖行为才被认定带有工具性，还被评论为不道德或骇人听闻？

这违反了用相似的方法处理相似的事件这项规则。

虽然大部分反对生殖复制的论点，因为违反了道德推理的基本规则而没有接受的必要，这不表示我们有什么好的理由来推动生殖复制。有个思想实验可以帮助我们了解为什么。

设想以下这个不能算是完全荒诞的情况：人类的自然生殖力受到威胁，因为人类精子出现普遍且不可逆转的枯竭现象。在这种情况下，无性繁殖可以为人类物种的延续问题提供合理的解决方法，也许是唯一的方法。

我们还能设想出其他状况，来推动生殖复制吗？如果不能，为什么还要继续推动？

14

没有我自己的器官，我是谁？

如果我的所有细胞已经按照原样全部重建，又如果我的所有器官都更换过了，那么我是谁呢？

想象有种技术可以在远处把你身上的所有粒子，一模一样地复制出来。这种技术可以让你被瞬移到另一个星球。不幸的是，操作人员这个科学天才有点漫不经心，就跟所有科学天才一样。他忘了摧毁原型。于是在同一时刻，有了两个完全相同的"你"，一个粒子都没变。哪一个才是真的"你"？留在地球的那一个，还是另一个星球上的完美复本？[1]很久以前就有人提出过这样的问题。

忒修斯之船

传说雅典人把希腊神话中的雅典国王忒修斯（Thésée）的船保存了好几个世纪，当船身的木板腐坏时，就把它们一一汰换。[2]

---

〔1〕 实验出自 Derek Parfit，*Reasons and Persons*，*op.cit.*。

〔2〕 我曾经发表过对应的分析，录于 *Le corps et l'argent*，Paris，La Musardine，2010，p.46-48。

有人认为这还是原来的那艘船，但也有人认为它和原来的船已经一点关系都没有，根本是另一艘船。

想当然，诸多哲学家就这个问题持续对立，跟面对希腊人留给他们的所有其他问题一样。

无论如何，从道德思考的角度来看，应该会让我们感兴趣的是，通过技术把人体原有的器官一个个用其他器官替换，无论是天然的器官移植或是植入人造器官。这样一来，我们便面对完全相同的问题。

某人接受身体的各个器官移植或人造器官植入后，还是原来那个人吗？

按照我们目前的法规状况，而且不要涉及一切形而上学的考虑，某些法学家认为必须回答还是原来那个人。[1]

身体作为实际存在物，无论它的每个部分进行了什么变更，仍然是同一个物体。

某个罪犯在审判之前，使用移植或植入的方式把他的所有器官（也许除了大脑）全都换了，还是得面对相同的制裁。就算器官都不一样了，但他还是那个人。

换句话说，身体作为个人身份与个人责任的载体，是一个抽象且始终不变的总体，绝不单纯只是各个部位的总和。

---

〔1〕 Marcela Iacub，«Le législateur et son scalpel.Le corps humain dans les lois bioéthiques»，dans *Le crime était presque sexuel et autres essais de casuistique juridique*，Paris，Champs-Flammarion，2003.

这样的形式让它不可让渡，使它成为某些权利的载体，即使在人死后也一样，而它的成分与它的产物却是可以出让、交换与代替的。

只要身体部位的替换不会变更身份与个人责任，那么在这个范围之内，对于转移摘除的身体成分，而且经过成分所有者实际上或推定上的同意之后，就不应该出现政治或道德上的阻碍。因为这不会损害整体本身，它在道德上与法律上仍然属于不可让渡的实体。

从这里可以得出，用身体的成分或功能做交易，一点也不代表把身体的本身商品化。

将来由于医学的进步，结果也许会是我们把器官看作与我们本身不太相干的东西，不能用来确定我们的身份。

于是买卖器官的存在变得不惹人反感，就和买卖蔬菜，或是把家具拆解出售一样。

我们给自己提出的关于人类身体的功能、产物与成分"商品化"道德难题，会因此消失吗？

我们可以把关于买卖器官或有薪代理孕母的所有保留态度，简化为文化偏见吗？不过文化偏见的说法很快也会弃而不用。

有没有什么具有普遍与永久价值的道德论点，可以告诉我们为什么必须拒绝交易人类身体可以再生的部分与功能，即使该交易出自买卖双方的意愿也不行呢？

康德的信徒会说，因为这类交易违反了人性尊严。

为什么？因为每个人都有他的价值，不是标出的价格。这正是人的尊严所在。人的身体是人的载体，承接人的道德性质，因此它同样是有价值而没有标出的价格。为了买卖上的必要开价购买，损害了人的尊严。

所以，在康德的信徒看来，人体商品化行不通的地方，并不是因为违反了某些既不永久也不普遍的文化规范，而是破坏了下面这项永久而普遍的道德原则：个人尊严。

然而，诉诸个人尊严的想法，能够让我们对什么是可以合理买卖、什么是在任何情况下都不能买卖这两个情形之间，作出足够明确的区别吗？

把人的相片或科学发现交给他人使用并收取报酬，有害人的尊严吗？

为什么出售给予性乐趣的能力、出售为他人怀胎的能力，有害人的尊严，而出售运动竞技的能力，出售耐力、技能、知识与智力就不会？

捐赠器官的时候如果收取报酬，会违反我们社会的法规与风俗。可是这究竟在哪一点损害了人的尊严？

15

有意行善要比有意作恶来得难

如果我们判断某个人的行为很糟糕，比较会认为他是有意做出来的，但其实不是。

按照哲学的传统，我们会以行动的意图来评断行动的道德价值。可是某些实验研究指出，我们本能上会以行动的道德价值来判断意图。

更明确地说，如果某人的行为带来不好的结果，我们更倾向于认为他是有意这么做，要是他的行动带来好的结果就比较不会。

这项惊人的成果来自诺布（Joshua Knobe），他检视了一整套根据以下模式进行的调查。[1]

测试者在两个不同的情况中，判断企业负责人的行为：

（1）企业负责人只求增加盈利，没兴趣保护环境，也不在乎破坏环境。如果他推动某个开发案连带破坏了环境，你认为这些破坏是不是他有意造成的？

---

〔1〕 Joshua Knobe, *The Concept of Intentional Action.A Case Study in the Uses of Folk Psychology*, dans Joshua Knobe et Shaun Nichols, dir., Experimental Philosophy, op.cit., p.129-147.

(2)企业负责人只求增加盈利，没兴趣保护环境，也不在乎破坏环境。如果他推动某个开发案连带改善了生态环境，你认为这些改善是不是他有意造成的？

诺布在调查中发现，百分之八十二的作答者认为企业负责人对环境的破坏是有意的，只有百分之十八认为他对环境的保护是有意的。然而从企业负责人的意图看来，他在这两个情形中的作为完全相同！

结论是，对某个行动所作的道德判断很重要，我们通常是因为评断结果而去判断该行动是不是有意做的：

如果评断某个行动在道德上是错的，就容易认为它是故意的。[1]

对于这样的实验，我们要说：

常见的那些用来判断行动是不是有意为之的方法，不见得能帮助我们了解意图这个观念。

这本来就是两回事。[2]

---

〔1〕 因为一些概念上的理由，莱尔 (Gilbert Ryle) 曾经为这个观点提出辩护：Gilbert Ryle，dans *La notion d' esprit* (1949)，trad. Suzanne Stern-Gillet，préface de Julia Tanney et Daniel Andler，Paris，Petite Bibliothèque Payot，2005。也许亚里士多德做过这方面的辩护。

〔2〕 要知道更多实验哲学对这类问题和其他很多一般哲学问题的贡献，最好的办法是参见下面这本书：Florian Cova，*Qu' en pensez-vous? Introduction à la philosophie expérimentale*，Paris，Germina，2011. 写得很好，也很令人发笑（于内容无损！）。

16

就算未来全都白纸黑字写下来了，我们仍然是自由的

尽管有台超强计算机在好几年之前就明确算出我们在几年之后会做的事，但我们做这些事的时候仍然是自由的。

想象一下，在接下来的这个世纪，人类能掌握一切的自然法则，并打造出超级计算机，它根据这些法则与世界现在的样貌，推断出所有即将发生的事。

假设这台计算机熟知世界上的整个状态直到最小的细节，它在二一五〇年三月二十五日这一天，算出查理将在二十年后出生，并根据世界的状态与自然法则，推断出查理会在二一九五年一月二十六日晚上六点，抢劫拐角那家法国巴黎银行（银行当然还在）。

不用说，预言正确！查理在二一九五年一月二十六日晚上六点犯下了抢劫罪。

当查理犯下抢劫罪的时候，你认为他是自由的吗？

一号剧本

这个剧本提供给没有受过任何哲学训练的学生。

百分之七十六的人回答："是，查理是自由的。"[1]

不过我们已经说过，当某人的行动结果被评断为不道德的时候，我们会更加认为他该为自己的行动结果负责。

其他两个剧本按照同样的形式建立，但一个合乎道德，另一个与道德无关，借此来检验这个加上去的因素（道德、不道德、与道德无关）是否足以解释，为什么预先知道某人会做什么，但大家仍然认为此人拥有行动自由。

二号剧本

超级计算机预言查理会在二一九五年一月二十六日晚上六点，救一个小孩的命。

三号剧本

超级计算机预言查理会在二一九五年一月二十六日晚上六点去慢跑。

二号与三号剧本提供给其他的实验对象，同样是没读过哲学的大学生。令人惊讶的是，实验结果并没有显著的变化：

百分之六十八的人回答，当查理像超级计算机预言的

---

〔1〕 出自 Eddy Nahmias，Stephen G.Morris，Thomas Nadelhoffes et Jason Turner，*Is Incompatibilism Intuitive?*，dans Joshua Knobe et Shaun Nichols，Experimental Philosophy，*op.cit.*，p.81−104。

那样救了小孩一命时，他是依照自己的意愿行事。

百分之七十九的人回答，当查理像超级计算机预言的那样去慢跑时，他是依照自己的意愿行事。

我们可以拿它们和第一个结果作比较：百分之七十六的人说，当查理像超级计算机预言的那样去抢银行时，他是依照自己的意愿行事。

换句话说，如果我们认为，即使预先知道某人会做什么，但此人仍然拥有行动自由，就不会只局限在所谓不道德的行为。[1]

许多专业哲学家长久以来一直在思索一件事，但没有多少进展，那就是有没有可能把下面两者协调起来：一边是我们所知道的人类行为，就像所有属于自然世界的事物一样，遵循那些我们无力改变的自然法则；另一边是我们对人类的评断，也就是人类是自由的，并且必须为自己的行动负责。

如何才能让这些互相矛盾的想法与态度并存呢？

哲学家提出过不同的解决方法。有一个最常讨论的方案是英国政治哲学家霍布斯（Thomas Hobbes）提出的，他让我们注意到自由的行动并不是疯狂的、随意的、没有理由的行动，而是由出自我们内心的理由所引起或决定的。

---

〔1〕 我不再列出所有其他假定能证明这个结果的实验细节。想知道的人可参见 Nahmias 等人的 *Is Incompatibilism Intuitive?*, *op.cit.*。

也就是说：一种自愿的行动。事实上，“自由”的反面并不是“由……引起”或“由……决定”，而是“非自愿”“受限制”“受到威胁或外力强迫”。从自愿这个观点来看，自由与决定论是并存的。

不过那些“不兼容论者”的要求更高。对他们来说，自由，不只是为了自己本身的理由行动，同时要有能力选择自己的理由，或是让自己成为理由的起源。但对他们而言，人没有这个能力去决定自己自愿做什么。因此自由与决定论是不兼容的。[1]

另外一个尝试解决冲突的方法则是认为，我们对决定论与对自由的信念，完全可以共存而不会自相矛盾，因为这些属于生命中完全不同的面向。

一方面，我们知道，确实有理由相信我们服从某些自己无法改变的力量，或者说，关于我们的作为，我们只能这么做。

另一方面，对于我们所做的事，或对别人所做的事，我们不可避免会有喜悦、愤怒与义愤的情绪反应，也因为这样，我们认为自己是自由的。这些态度在社会生活中不可

〔1〕 Ted Honderich,«Compatibilisme et incompatibilisme», dans *Êtes-vous libre? Le problème du déterminisme* (2002) , trad. Nadège D.Renaud et Édouard Guinet, Paris, Syllepse, 2009, p.129-147.

或缺，要是有人认为能够消除这些情绪，就太荒谬了。[1]

换句话说，我们对决定论与对自由的信念，响应出不同的必要性。两者各自独立而不互相影响。在这样的理解下，它们可以共存。

不过“不兼容论者”永远能反驳，说我们面对自己或别人所做的事，所产生的喜悦、愤怒与义愤的情绪反应，不过是非理性的，而且不应该影响我们的判断。

总之，对某些所谓“不兼容论者”的哲学家而言，自由与决定论水火不容。如果决定论是对的，我们就不是自由的。而如果我们不是自由的，所有关于责任或“应得的”惩罚的想法，都属于人类的发明，残酷、没有理性。

其他所谓“兼容论者”的哲学家则认为，自由与决定论可以并存。即使决定论是对的，我们还是可以自由行事，并且为自己的行动负责。

有些实验结果也许和某些人所期待的相反，它们指出大部分人倾向于赞同第二类哲学家的意见，也就是“兼容论者”。

因此就像我们刚才看到的，大部分人倾向于回答就算超强计算机多年前便精准地算出某个人以后会做什么，那

---

〔1〕 Peter Strawson, *Freedom and Resentment and Other Essays*, Londres, Methuen, 1974.

个人还是拥有行动自由。[1]

对于这样的实验，可以提出下面的反对意见：

对于决定论与自由这种形而上学的议题，有没有必要去考虑一般人的看法？这个问题太困难了，一般人的观点很可能是错的。

---

〔1〕 Nahmias 等人，*Is Incompatibilism Intuitive?*, *op.cit.*; Peter Strawson, *Freedom and Resentment and Other Essays*, *op.cit.*。

17

恶人与圣人

当恶人比较难还是当圣人比较难?

帮助他人

X在购物中心的电话亭打电话,那里人来人往,就在X走出电话亭时,有个人手上的活页夹掉了,里面的纸张散得到处都是。那人立刻蹲下去,要尽快把纸张都捡起来。这时X会不会帮他捡,以免来往行人踩在上面?

如果要你回答这个问题,你需要知道哪些关于X的事?

你料想在这种情况下,人的真实性格会表现出来。所以你觉得只要知道X的"人格"或"个性",就能预测X怎么做。

如果X很大方或有同情心,就会去帮忙。

如果X很小气或很自私,就不会帮忙。

反正,如果你相信人格或个性,你大概就会这样预测(也会作出现在这项分析)。

问题是,在这种情况下,个性不像你所想象的那样有决定性。

至少这是关于援助行为的大量实验所显示的结果（1962 年至 1982 年有超过一千个实验！）。[1]

以下是几个例子。

一些心理学家设计了同样的场景，安排一个人在经过电话亭的时候故意弄掉文件。[2]

电话亭里动了些手脚。

有时会把一枚零钱（面值一欧元左右）放在退币口明显可见的地方。有时没有放零钱。

实验结果颇具戏剧性：

• 在找到零钱的那一组，百分之八十七点五的人帮了路人。

• 在没有找到零钱的那一组，只有百分之四帮了路人。

于是设计实验者作出这样的假设：

• 只要从电话中找到零钱，就能表现得很大方，和这个人是否小气无关。

• 只要没有在电话中看到或找到零钱，就能表现得很"抠门"，和是否有同情心无关。要预测人的行为，看情形比看个性更准。

为了解释这个机制，他们假设决定性的因素是心情。

---

〔1〕 John M.Doris，*Lack of Character.Personality and Moral Behavior*，Cambridge，Cambridge University Press，2002，p.34.

〔2〕 A.M.Isen et P.F.Levin，*Effect of Feeling Good on Helping; Cookies and Kindness*，Journal of Personality and Social Psychology，21，1972，p.384-388.

他们认为在这个情形中，直接促使我们伸出援手的，是身处心情愉快的状况。似乎一点好运就能把我们放在这样的状况里。

他们选择这个假设，因为它涵盖的范围非常大。在记忆力、合作行为或冒险行为的测验中，心情愉快和表现优良之间，确实有相当密切的关联，而且这样的关联也出现在心情愉快和心理学家所说的一般"亲社会"行为（利他、慷慨）之间。

心情愉快和亲社会行为之间有密切关联并不令人惊讶，这一点听起来也很正常。比较令人惊讶的是，启动心情愉快与相关的亲社会行为的因素，可以是那么微不足道、无关紧要。不过是在电话亭里找到一枚零钱，就能让人做好事！

能与心情愉快和行为大方相连的其他因素，同样出奇地微不足道。

另外有人指出，闻到某些香味也能和行为大方之间表现出正向关联。[1]

这个设计非常简单：

实验者的同伴在商场里问人愿不愿意跟他换一美元

[1] R.A.Baron, *The Sweet Smell Of...Helping: Effects of Pleasant Ambient Fragrance on Prosocial Behavior in Shopping Malls*, Personality and Social Psychology Bulletin, 23, 1997, p.498-503.

零钱。

离面包店（从里面飘出面包、蛋糕香）最近的人都很乐意换零钱；在闻不到什么香味的地方，愿意换零钱的人少得多。[1]

在这类实验中也一样，大家假定决定性的因素在于闻到香味所引起的愉快心情。

启动因素的性质仍然是那么微不足道、无关紧要。真令人惊讶。

光是热面包的香味就够了！

其他能引导亲社会行为的可能因素也受到检视：团体效应、哲学课程的影响，以及所谓的控制型人格。

这些因素不是琐碎小事，但比较不具决定性。

只要周围的人不太多，就能为有需要的人伸出援手

根据某些实验，当我们单独面对受害者时，比我们身处人群之中，更容易伸出援手。[2]

没有人认为解释这个现象很容易（如果能找出解释的话）。

以下是最能让人接受的假设。

---

〔1〕 Doris, *Lack of Character.Personality and Moral Behavior*, *op.cit.*, p.31.
〔2〕 Ibid., p.32–33.

当我们身处人群之中，有两个机制会抑制我们产生帮助他人的意向：

(1)其他人的无动于衷会影响我们(如果别人不动，我们也不动：我们认为表现出冷漠比较恰当)。

(2)“责任分散”[1](如果我们认为反正有人会做，我们袖手旁观比较没有罪恶感)。

悲观一点可以说，原来只要在人群中，就能当个“烂人”。

乐观一点可以说，原来只要身旁没有别人，就能当个“好人”。

然而，单独一人不是一直都有效，“好心的撒马里亚人”这个让人不太安心的实验指出了这一点。

只要不赶时间就能当个好心的撒马里亚人

主修神学的学生被召集到学校某栋大楼参加调查工作，内容是关于宗教教育及志业召唤的力量。[2]

他们先听了有关调查问卷的简短介绍，然后被告知必须到另一栋大楼完成访谈，至于何时抵达该大楼，其中

---

〔1〕 B.Latané et J.M.Darley, *The Unresponsive Bystander.Why Doesn't He Help?*, New York, Appleton century-Crofts, 1970; Doris, *Lack of Character. Personality and Moral Behavior, op.cit.*, p.33.

〔2〕 J.M.Darley et C.D.Batson, *From Jerusalem to Jericho: A Study in Situational and Dispositional Variables in Helping Behavior*, Journal of Personality and Social Psychology, 27, 1973, p.100-108.

一组可以慢慢来，另外一组要快一点，最后一组必须很快到达。

实验者在两栋大楼之间安排了一个人，倒卧在神学院学生会经过的路边，不断呻吟。

我们大概会假想所有的神学院学生，都会停下来帮助那个可怜的受害者（他们对好心的撒马里亚人这个寓言熟得不能再熟！）。可是结果完全不是这样。实际上，只有不赶时间的人比较愿意停下来。

实验结果如下：

- 时间很赶的那一组：百分之十的人停下来伸出援手。
- 时间有点赶的那一组：百分之四十五的人停下来伸出援手。
- 完全不赶时间的那一组：百分之六十三的人停下来伸出援手。

在最赶时间的那一组里，如果受害者刚好挡住路，有些学生会毫不犹豫地跨过去，呈现出漠视他人痛苦的讽刺写照。我们总不能说那个受害者有什么威胁性，或是校园环境给人很大的压力，像身处现代都市丛林吧！

有人用这样的假设来解释：学生觉得作为一个好学生，在道义上对学校交派的任务负有责任，因此认为自己卷入了义务冲突。不过这个假设不太能让人接受，因为来自学校一方的职责（这里不是正式的考试，仅仅是自愿参加的课外活动),和身为神学院学生面对某个落难者理应负起的职责,完全不成比例。

我们可能想检视一下,和亲人之间是否也能观察到同样的行为。会有人为了准时抵达某个不重要的集会,从倒在地上的兄弟或母亲身上跨过吗?

不过从道德的角度来看,这里值得注意的是和陌生人之间的关系。而就实验结果来看,悲观一点可以说,只要一赶时间就把福音书给忘了;乐观一点可以说,只要不赶时间就能当个好心的撒马里亚人!

不过有两方面的疑虑,可能削弱这个乐观的结论,一是上述结果移除了实验背景后的有效性,二是能否从这个仅涉及少数特定人群的研究获得的结果,去推断社会一般人的情形。这部分之后还会再讨论。

谁最常帮助他人:男人还是女人?富人还是穷人?

如果把有关性别或社会经济地位这类一般而论的说法撇开不谈,可以发现几个有趣的结果。

通常我们会说,尤其是当我们带着先入为主的意见时,女人比男人更愿意帮助别人。不过,各项观察报告都不支持这个假设。关于亲社会行为的社会学研究指出,要不就是男女双方并没有显著的差别,要不就是男人表现出更多亲社会行为。[1]

富人呢？他们通常是不是比穷人更“亲社会”？研究结果跟前一项差不多。没有显著的不同，但是在这两个阶层中，大家都更愿意帮助自己熟识的人，或是和自己同一个社群的成员。[2]

还有“人格”？

神学院学生曾事先接受过测验，他们被归类为具有同情心的“人格”，可是实验指出这些测验结果不能准确预言他们的行为。

然而在其他的处境中，这些测验不是没有意义。某些研究指出，“谨慎”的人和“在意他人眼光”的人比起来，前者比较不会帮助路人把掉落的文件捡起来。

整体而言，“情境论”的假设质疑个性对行为预测的影响力，而且这个假设没有被驳倒。

它不否认某些典型的行为特征会表现出程度很高的普遍性。它只是认为这些特征不能准确预测或解释行为。

危害他人

我们有可能表现得像纳粹那样，只因为收到命令，就去羞辱或屠杀那些所谓的弱者（残障者、老人、儿童等），以及

〔1〕 Doris, *Lack of Character.Personality and Moral Behavior*, *op.cit.*, p.37.
〔2〕 *Ibid.*

那些没有对我们做过什么的人吗?

心理学家米尔格兰设计并执行了一项著名的测验,应该能提供一些方法来回答这个令人苦恼的问题。[1]

一九六〇年,他在美国北部的纽哈芬(New Haven),经由信函及在当地报纸登广告的方式,提供有酬劳的心理实验。

他这么做是想为实验招来不同年龄层和社会阶层的人。被选中的人有邮差、教师、工人、工程师,大约一千人,他们在一九六〇年至一九六三年长达三年的时间里,参与了一整套带有变化的实验。

选中的受试者进入实验地点后,负责执行的心理学家会告诉他,测验的目的是检验体罚能不能改善记忆一连串单字的能力。

每项测验必须有一个“老师”和一个“学生”,但其实“学生”一直是同一个人,他是实验室请来的中年演员,特别擅长各种程度的哀号。

“老师”会看见“学生”被绑在椅子上,还有电线固定在他身上。

首先让“老师”了解电线放电的实况,让他接受一次四十五伏特的电击,滋味并不好受。接着工作人员告诉他,

---

〔1〕 Stanley Milgram, *Soumission à l' autorité* (1974), trad. E.Molinié, Calmann-Lévy, 1974.

学生所承受的电压会一直升到四百五十伏特，比他接受的强上十倍。

接下来“老师”被安排在另一个房间，在那里他看不到“学生”，但房间内有操纵器，连在一台很大的发电机上。

测验开始。

“学生”必须记住两个单字一组的好几组字。当他听到某个字时，要说出同组的另一个字。

每一次“学生”弄错，“老师”就得对他施行电击。

执行实验者会下令逐渐调高电压，理由是要知道这么做能不能改善“学生”的记忆能力；他总是以“坚定而有礼貌的语气”下令，不会表现出任何威胁的意味。

“老师”可以经由“学生”的叫声与抱怨，听见自己造成的强烈痛苦。常常有“老师”感到不安，于是实验人员会按顺序下达一系列指令，怂恿他继续。一开始是“麻烦您继续下一步”，最后是“没有办法，一定要继续下去”。

如果“老师”对“学生”的身体状况表示担忧，实验人员会向他保证不会造成任何不可挽回的伤害。电击到达一百五十伏特之后，“学生”会大声叫喊，要求停止测验。太痛了，他不要继续下去。

这一刻是“老师”最犹豫的时候，但实验人员还是会一直怂恿他继续，并且始终保持坚定而有礼貌的语气，不会显现任何威胁的态度。

无论怎样，有百分之六十五的“老师”持续到实验结束，也就是进行到四百五十伏特的电击，引起临死前的哀号，然后是喘息，接着是无声的状态，表示“学生”的状况真的很糟。

持续到最后的“老师”被称为“服从者”，拒绝进行到底的是“不服从者”。

有一点非常重要，就是没有任何“服从者”以愉快的态度服从命令。米尔格兰没有碰巧找上纽哈芬的一帮虐待狂。每个受试者都很不自在，惶惶不安。大家都觉得为难，冒汗、咬嘴唇、埋怨，指甲掐进肉里去了。[1]

有些人后来表示自己不相信真的有电击，但这些人只占了一小部分（百分之八十觉得电击是真的）；除此之外，从那些焦虑不安的表现看来，“老师”们完全不觉得那是假的。

基于伦理的各种考虑，后来的人不可能再做一次这个实验（不能说这个实验对那些最“服从”的“老师”没有造成任何伤害，他们深深感到自己在实验中表现得像个恶魔），但我们还是看到了大量的类似实验。[2]

---

〔1〕 Doris, *Lack of Character Personality and Moral Behavior*, *op.cit.*, p.43.

〔2〕 有一个实验最符合目前的问题，它让假的求职者面对职业介绍所的职员，后者必须根据实验人员设计的剧本，说出侮辱人的句子，像是“你真没用，你还是找别的工作算了”：W.H.J.Meeus et Q.A.W.Raaijmakers, *Obedience in Modern Societies: The Utrecht Studies*, Journal of Social Issues, 51, 1995, p.155-175。

心理学家感到意外的是，实验结果其实差不多：

"我们可以概括而公平地说，不论在什么地方进行这个实验，都有三分之二的服从者。"[1]

有些人认为"文化"具有决定性的影响力。事实并非如此。在约旦（百分之六十三的"服从者"）和在美国（百分之六十五的"服从者"）的结果相同。[2]只有德国的实验报告出现了不同的结果，但情形更令人悲观（百分之八十五的"服从者"）。

也有人认为性别有决定性的影响力。事实也非如此。在米尔格兰的实验中，女性"服从者"的比例和男性"服从者"的比例一样（两者都是百分之六十五）。事实上，如果在某些类型的研究中，女性比男性更"服从"一点的话，那么在其他类型的研究中，女性服从者会稍微少一点。[3]

还有些心理学家认为"人格"具有决定性的影响力。"权威性"人格最强的人，理应最遵守权威，所以"服从者"属于"权威性"人格的比例应该非常高。

但这也不是事实。米尔格兰的实验受试者都先接受过人格测验，分为"权威性"与"非权威性"这两类。而这两类性格的人进行电击实验时，没有明显的差异行为。

---

〔1〕 R.Brown，*Social Psychology*，2e éd.，New York，MacMillan，1986.

〔2〕 M.E.Shanab et K.A.Yahia，*A Cross-Cultural Study of Obedience*，Bulletin of Psychonomic Society，11，1978，p.267-269.

〔3〕 Doris，*Lack of Character.Personality and Moral Behavior*，*op.cit.*，p.47.

从道德哲学的角度来看，最后这个结果最重要，似乎要向我们显示，决定行为的不是个性，而是和情境有关的其他因素，像是团体或权威带来的压力。

我们还可以得出另一个结论，就是完全不存在什么道德或不道德的"人格"。如果这个结论能获得更进一步的支持，那么德行伦理学应该会受到影响。

不过争论尚未结束。

柯尔堡（Lawrence Kohlberg）主张道德分阶段发展的理论，从自私，到从众，再到自主。根据他的说法，在"不服从者"那一类当中，到达道德发展最高阶段（自主）的人应该比较多。[1]

这个假设主张有些人的品行比其他人更有道德。可是在目前的研究中，这只是思维结果，况且柯尔堡提出的"道德发展阶段论"远远没有获得一致同意。

当我们试着了解米尔格兰想凸显的机制时，必须认识到一件事：只要加入一些变量，拒绝实验的比例就会增加。

（1）受试者的身旁有一个或数个事先安排好的人。当实验者要求继续测试时，如果这些人叫受试者拒绝，或这些人表示拒绝，受试者会与这些人形成某种联盟来反对实验人员。

---

〔1〕 Lawrence Kohlberg, *My Personal Search for Universal Morality*, *op.cit.*

（2）此外，当受试者看得见接受电击的人，或必须抓着他的手强迫他接受电击时，拒绝的概率会增加。

（3）最后，当实验人员看起来不那么值得信赖（衣服上有污点、说话方式太不讲究等），拒绝的概率也会增加。

这正是为什么用米尔格兰的实验结果进行衍生，来解释大屠杀行刑者的行为是听命于纳粹时，有一些说不通的地方。[1]

大屠杀的行刑者集体行动，直接面对他们的受害者，而且没有受到绝对权威的压制。

根据米尔格兰的理论，他们在人数较多的时候，理应拒绝处死老人、女人和儿童，因为这些人从来没有得罪过他们。

对于大屠杀行刑者的行为有许多解释，在最能让人接受的解释之中，有些指出推动他们的主因是不要被别人当成“懦夫”“弱者”“孬种”。屈服权威的理论，也被认为能支持这个假设。[2]

这是错误的。事实上，如果这些解释是正确的，那么鼓动大屠杀行刑者的是从众心理，也就是受到身份相同的人

---

〔1〕 Christopher R.Browning, *Des hommes ordinaires: le 101e bataillon de réserve de la police allemande et la solution finale en Pologne* (1992), trad.Élie Barnavi, Paris, Les Belles Lettres, 1994.

〔2〕 Christopher R.Browning, *Des hommes ordinaires: le 101e bataillon de réserve de la police allemande et la solution finale en Pologne* (1992), trad. Élie Barnavi, Paris, Les Belles Lettres, 1994.

的鼓舞与刺激，而不是服从某个高层的权威。

对于米尔格兰的实验结果，可以进行很多种不同的诠释。有一个在我看来很有趣，它指出进行电击的“老师”所面对的难题，属于合理说明上的难题，和我们在“滑坡论证”或“连锁推理”中看到的论点，属于同样的类型；这种具有逻辑性的悖论，到最后可以证明秃头并不存在，或是所有人都秃头。[1]诠释内容如下：

如果我同意发出五十伏特电压，为什么六十伏特就不行，它们两个之间的差别又不大？如果我同意发出六十伏特电压，那么七十伏特和六十伏特的差别不大，为什么不行？然后一直来到了四百五十伏特。

过了一百五十伏特后，“老师”开始犹豫，那是因为“学生”开始叫喊，要求停止测验。可是如果“老师”继续的话，同样的滑坡就会重现。为什么可以接受某个强烈的电击，而非常强的电击就不行？[2]

我们能不能从服从权威的各个实验中得出结论，说行善或行恶绝对和我们自己的信念（道德或不道德），或是和我们自己的人格（好或不好）无关，而是取决于我们碰巧处在这样或那样的情境中？

---

〔1〕 Jiri Benovsky, *Le puzzle philosophique*, Éditions d' Ithaque, 2010.

〔2〕 Doris, *Lack of Character, Personality and Moral Behavior*, *op.cit.*, p.50.

米尔格兰的调查研究说到底还是有某种程度的自相矛盾。他主张，能够决定行为的是情境而不是个性。如果他确实运用这个原则，就不应该从这些实验中得出关于人类行为的任何一般性结论。他只能说人们在这个实验所安排的情境中，会出现这样的行为，仅此而已。一切超出范围的结论，都会带入对人性或个性的考虑，而根据他的原则，这类考虑却是必须排除的。

可是米尔格兰进一步就人性本质表达了一些意见。他认为可以声援汉纳·鄂兰（Hannah Arendt）有关邪恶的平庸性的论点。这难道不矛盾吗？

经常有人以“矛盾”来反驳他。不过这个意见算不上完全合理。

米尔格兰试图分离出来的是一般性因素，例如对科学威信的依赖，因为这些因素也可以在其他脉络情境中成为某些行为的原因。

然而，上述反对意见还是有必要的，它提醒我们在哲学上运用经验科学数据时务必谨慎。

这些实验对哲学有什么用？

近年来，道德哲学领域特别运用服从权威的实验，质疑自亚里士多德以来，各种形式的德行伦理学共同主张的一点：世上具有善良的、正直的或品德高尚的“人格”，无论面对环境中的什么压力或威胁，都能保持下去。

德行伦理学最近的几个版本，就是建立在这种看法上，有些“人格”如此崇高，足可作为道德的榜样。

要知道自己应该怎么做，只要想一想X或Y(说的是苏格拉底或甘地，而不是连环杀手！)会怎么做就行了。

不过，心理学中所谓的“情境论”则表示，“品德高尚的人格”并没有非常明确的含义。

以人的“性格”来指出他们的特点，这种做法大概出自不太理性的倾向，想用整合的方式来判断人。

事实上，关于人的态度与行为，可能既没有统一性，在实际生活中也无法屹立不摇。

人类的行为没有统一性，这样的想法和我们的共同直觉可说是背道而驰，那么有没有什么论点对这个想法有利呢？

一般所说的“个性”是什么？

扼要地说，个性是某种前后一致的行动或感受的方式，随着时间的推移始终保持稳定，不因为情境的改变而不同。当我们说某个人“慷慨”“诚实”“坚强”“果断”“勇敢”，或是“小气”“善嫉”“不老实”“软弱”“堕落”“邪恶”，我们的心里多少也会出现这一类的想法。[1]

用“个性”来解释与预测各种行为，应该是很省事的方式。我们有意无意总会从“个性”的角度出发，去作一些预测，像是：“他应该会试着把送出去的首饰拿回来，因为他很小气。”我们同样会有意无意从“个性”的角度出发，去作一些解释，像是：“他把塞满欧元的皮夹送还回去，因为他很诚实。”

“情境论者”依据经验科学研究的结果，质疑所谓随着时间的推移始终保持稳定，以及不因为情境的改变而不同，这种性格是否真的存在。他们也不认为，用这些来解释和预测实际出现的行为很恰当。在他们看来，没有人会在生命中的每一刻、无论牵涉到什么事什么人，都从不改变，永远表现得很“慷慨”、“残酷”或“小气”。[2]

从他们的研究可以得出，“个性”存在与否，是无法证明或无法检验的。有什么东西可以当成“个性”存在的证据呢？行为中的稳定性就够了吗？

事实上，所有隶属心理禀性的行为证据都是有争议的。[3]有些人可以是残酷的，但我们不会看见，因为他们会克制自己不要表现得很残酷，以免成为别人发泄怒气、鄙视

〔1〕 Doris, *Lack of Character, Personality and Moral Behavior, op.cit.*, p.24–27.

〔2〕 Ibid.

〔3〕 Ryle, *La notion d' esprit, op.cit.*

或义愤的对象。有些人可以表现得很勇敢，像是打仗的时候，但那是出于从众心理，或是害怕受到惩罚的缘故，并不能说是真的勇敢。

此外，必须实施多少勇敢或残酷的行为，才能超过所有合理的怀疑，证明某人真的很勇敢或很残酷？如果某人只有一次表现得很懦弱，是否就要怀疑他的勇气？如果某人只有一次表现出同情心，是否就要确认他真的有同情心？总之，如果某个人从来没有表现出残酷或勇敢的样子，我们就没办法确定他是不是真的残酷或真的勇敢，但就算他偶尔或经常表现出来，我们也不能确定他的个性到底怎么样。[1]

上面这些疑问不单纯是哲学上的思辨。为了评定“个性”，心理学家曾经寻求其他的方法论来支持(如“人格测验”)，而不是只靠可以观察到的行为，正是因为行为不是可以信赖的证据。[2]

还有一个令人惊讶的讯息必须纳入考虑，就是用来评断“个性”的因素不具有一致性。我们每天在对别人进行“个性”或“人格”的判断时，对方的真实行为并没有对我

---

〔1〕 出自拙著：*L' éthique aujourd' hui.Maximalistes et minimalistes*, *op.cit.*, p.63–66。

〔2〕 Doris, *Lack of Character.Personality and Moral Behavior*, *op.cit.*, p.26. 可是，在多瑞斯 (John M.Doris) 看来，性格测验与真实行为之间薄弱的关联性，同样有损这些测量的可信度。

们的评断产生系统式的影响。[1]

最后我们还必须承认，无论是科学地还是不科学地断言一个人的“个性”或“人格”，都属于可疑的推理。它比较像是表达偏见，而不是陈述事实。[2]它显示出以“全体”方式判断大众的倾向。如果作出的评判是负面的，可能造成社会的混乱。

有关“黑人”“犹太人”“亚洲人”“女人”“吉普赛人”等，负面的全体评判，并不是对真实行为进行任何审慎考虑的结果，它们给社会带来的破坏可想而知。

正面的全体评判也不见得更值得重视。“圣人”“极富群众魅力的领导者”“大师”“明星”，以及和自己同一阵营的政治人物，对这些人付出盲目的爱，没有对真实行为进行任何审慎考虑，同样可能造成社会混乱。

此外，用“个性”来解释行动，就算不能说是毫无用处，说明力也是很薄弱或者次要的。

如果有人问，为什么查理故意打破厨房里所有盘子，要是只说因为他“脾气不好”，大概没有人会满意。

大家会指出我们的解释不够，要求我们给出动机（女朋友背着他和他最好的朋友约会？她嘲笑他的新发型很滑

---

〔1〕 Doris, *Lack of Character.Personality and Moral Behavior*, *op.cit.*, p.93–97.

〔2〕 *Ibid.*

稽？他讨厌岳母送的盘子？等等）。

然而我们有时会接受用“个性”来解释行为，而不需要任何动机，例如：“他把塞满欧元的皮夹送还回去，因为他很诚实。”

能不能说，这类型的解释再好也不过是片面的，最坏可能就是毫无用处，甚至完全误导了我们的方向？是不是因为有这些困难，所以必须放弃“个性”或“人格”这一类观念呢？“情境主义”的经验科学心理学家正是这么想的。[1]

不过他们的主张仍然有高度争议。

其他的心理学家认为，人的态度与行为既没有统一性也没有持续性是错误的想法。他们的论证如下：

（1）也许并没有绝对的统一性或持续性，但不可否认，相对意义上的倾向性或稳定性确实存在。[2]这些倾向是真实的，可以在经验上观察出来。不是只有“社会建构”、“叙事效应”或生活中“不实但有用的想象”，才需要在数据不足的基础上，迅速而全体式地判断其他人。

（2）当然，很难证明有绝对凶恶、顽强的人格，他们在任何情况下，无论对象是谁，都要让人受苦。就算真有这种可与撒旦匹敌的人，他也不敢或不愿意这样谈论他自己（这正是纳粹要员的状况），如此一来我们就会缺少主观的

---

〔1〕 Doris, *Lack of Character.Personality and Moral Behavior*, *op.cit.*

〔2〕 *Ibid.*

证据。

（3）相反地，世上必然有正直、善良的好人，无论处在什么环境都不会改变，而且还能证明他们有崇高的情感。纳粹占领法国期间，有附敌分子、告密者、漠不关心的人，但也有正义之士〔译注：Justes，特指二战期间以各种形式援助犹太人的非犹太人〕，他们具有同情心与勇气，援救受到迫害的人，之后还能挺身说出发生在自己身上的事。[1]

正义之士的确存在，虽然人数很少，却给情境论者带来很实在的难题。

首先，他们和周围漠不关心的人或告密者处在相同的道德环境中，可是作出的行动不同。

其次，宣称某些人具有同情心与勇气，和宣称某些人彻底“邪恶”比起来，前者费的工夫其实比较少。当你对某人说他是好人，他不会要求你拿出证明。当你说他是坏人时，他大概会坚持要你拿出证明。一般而言，如果要肯定世上有充满同情心与勇气的人，并不需要提出无懈可击的证明；但如果要说这样的人不存在，必须提出非常扎实的论证。

最后，正义之士的例子带给情境论者很高难度的问题，因为似乎没有决定性的社会学因素，能够解释为什么是他们而不是别人能作出那样的行为。由于缺少这种因素，心

〔1〕 Doris, *Lack of Character.Personality and Moral Behavior*, *op.cit.*

理学设定“人格”观念的假设得到不少支持。[1]

有人说宗教是最主要的因素。这不正确。在正义之士中，确实有宗教人士，但也有宗教人士告密、附敌、漠不关心。并不是身为宗教人士就足以成为正义之士。

相反地，正义之士拥有某些人格特质，这些在告密者、附敌人士和漠不关心的人身上都找不到。某些心理学家表示，正义之士对其他人抱有强烈的责任感，具有共同的人类感受与人性价值。[2]这些心理学家集合了上述特点，建立出“利他人格”。根据这个人格特质的观念化，他们认为预测行为是可行的。问题是，这类预测只能在特定范围内加以证实。

德国企业家辛德勒（Oskar Schindler）被视为正义之士，他勇敢地拯救了一千多名犹太人的性命，史蒂芬·史匹柏一部著名的电影赞扬了他的行为。

然而，如果要说他有“利他人格”，理由薄弱了些。对于他的犹太工人，他确实表现出利他行为，而且我们也赞扬他的行动。[3]可是他并不只是个利他的人。在他生活的

---

〔1〕 Samuel P.Oliner et Pearl M.Oliner, *The Altruistic Personality: Rescuers of Jews in Nazi Germany*, Londres, Collier, MacMillan, 1988.

〔2〕 E.Fogelman, *Conscience and Courage: Rescuers of Jews during the Holocaust*, New York, Doubleday, 1994; K.R.Monroe, *The Heart of Altruism: Perceptions of a Common Humanity*, Princeton, N.J., Princeton University Press, 1996.

〔3〕 N.Tec, *When Light Pierced the Darkness: Christian Rescue of Jews in Nazi Occupied Poland*, Oxford, Oxford University Press, 1986.

其他面向，如爱情、事业，他其实算是非常自私的人。简言之，我们可以说他在某个背景与某个范围内，表现出利他行为，但不能说他有“利他人格”。他行事的作风不够一致，无法允许这种概括的说法。

为了解释正义之士的行为，同时不采用行为之中，统一、稳定的“利他人格”说法，情境论者思考其他更具偶然性的因素。

在他们指出的情境因素中，最有趣的一点是，需要保护的人直接向正义之士求援，而后者不愿意或不能拒绝这样的要求。如果那些人没有向他们要求什么，也许他们不会成为正义之士。[1]

不过遭受迫害的人会向他们求援，有可能是觉得他们就是正义之士。

还有人指出另一个有意思的因素。正义之士的行为通常是逐步渐进的。他们一开始只针对特定、局部的事件帮助他人，并且是在不冒风险的情形下才会做。接下去会觉得自己对之前所帮助的人，有越来越多的责任，于是投注越来越多的心力在救援任务上，这个程度甚至达到把救援任

---

〔1〕 Oliner et Oliner，*The Altruistic Personality: Rescuers of Jews in Nazi Germany*，*op.cit.*

务视为最重要的事，比自己的生命还重要。[1]

这样的解释没有求助“利他人格”的说法，也没有拿走行动中任何受人尊敬的特性。

情境论的理论蕴涵，对德行伦理学而言，是否如某些经验科学派哲学家宣称的那么阴暗？[2]

支持德行的人士，尝试利用下面两项论证阻挡这些反对意见：

(1)我们可以认为，“做个好人”这个想法的重要性，在于它是理想，不必是已实现的事实。

(2)德行伦理学不能被简化为：确实存在品德高尚的人。该学说的目的只是为“某些行动合乎德行”(勇敢、诚实、慷慨等)的命题辩护，而且任何立意严肃的伦理学，都应该讲清楚提倡这类行动的理由。[3]

这些修正足以挽救德行伦理学吗？

它们是否会使德行伦理学失去如下意义：在进行道德评断的时候，要考虑“个性”与“人格”？

---

〔1〕 F.Rochat et A.Modigliani, *The Ordinary Quality of Resistance: From Milgram's Laboratory to the Village of Le Chambon*, Journal of Social Issues, 51, 1995, p.195-210.

〔2〕 Machery, *The Bleak Implications of Moral Psychology*, *op.cit.*

〔3〕 Appiah, *Experiments in Ethics*, *op.cit.*

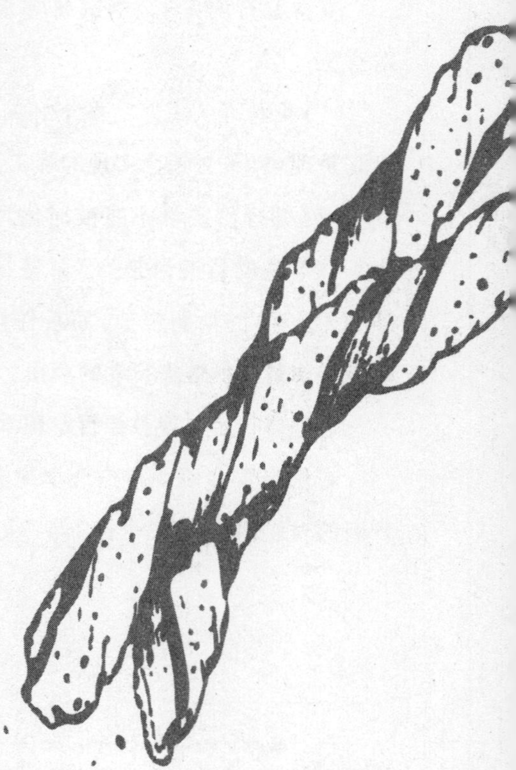

第二部分

道德“料理”的材料

Part Two

02

01

直觉与规则

让我们再来看看溺水儿童的论证是怎么构成的：[1]

(1)面对池塘中溺水的儿童，你要救他只是举手之劳，不会为自己的性命带来任何危险，若眼睁睁任由他溺毙，简直骇人听闻。

(2)如果你认为，面对池塘中溺水的儿童，你要救他只是举手之劳，不会为自己的性命带来任何危险，若眼睁睁任由他溺毙，简直骇人听闻，那么你也应该认为，要拯救某个旱灾国家的儿童，只要寄出二十欧元支票给对抗饥饿组织就可以了，但你却任由他饿死，真是骇人听闻。

第一个命题表现出道德直觉。

第二个命题比较长也比较复杂，并且使用了道德推理的规则。这个命题经过完全展开之后会呈现以下的样子，读者若对略嫌抽象的句子过敏，可能因而却步(希望不是所

[1] Singer, *Sauver une vie.Agir maintenant pour éradiquer la pauvreté*, *op.cit.*

有的读者）：

“如果你认为做出 A 这件事很可怕，你就应该认为做出 B 这件事很可怕，因为 A 和 B 是相似的事件，必须用相似的方法处理相似的事件。”

换句话说，它意味着某个对照评论的可信性（A 和 B 相似），以及认可某个道德推理的规则（“必须用相似的方法处理相似的事件”）。两者的结合可以让道德直觉具有假设的地位，而这个地位可能对道德直觉很有利。

辛格一开始就使用下面这个肯定的陈述，呼吁读者同意：

“面对池塘中溺水的儿童，你要救他只是举手之劳，不会为自己的性命带来任何危险，若眼睁睁任由他溺毙，简直骇人听闻。”

不过这段陈述尤其是要说服我们，当我们拒绝捐出所得的一部分去对抗饥荒时，我们就是在做这种事。[1]

对他而言，问题不在于知道是否所有人都认为，轻而易举就能救起池塘中溺水的儿童，却任由他溺毙是件可怕的事，还是只有教育程度最高的人，或受过宗教熏陶的人才会这么认为。

问题也不在于知道，轻而易举就能救起池塘中溺水的

---

〔1〕 Singer, *Sauver une vie. Agir maintenant pour éradiquer la pauvreté*, *op.cit.*, p.17–26.

儿童，却任由他溺毙是件可怕的事，大家会这么认为的理由是否已经被导向非理性的心理因素，像是面对在冰水中挣扎的人自然会产生同理心。辛格的论证只说：

“如果你认为，面对池塘中溺水的儿童，你要救他只是举手之劳，若眼睁睁任由他溺毙，简直骇人听闻，那么你也应该认为，没有奉献出所得的一部分来对抗饥荒，真是骇人听闻。”

根据这个意义而言，它是假设性的。

当然，我们还可以更进一步，仔细琢磨那句肯定陈述的有效性。要救起池塘中溺水的儿童很容易，却眼睁睁任由他溺毙，是不是真的永远那么骇人听闻？不过这就是另外一回事了。

无论如何，我们可以根据这些例子，假设伦理学的所有概念性分析都经过对以下两个成分的审查：

(1)道德直觉。

(2)道德推理的规则。

我曾经简略提过这两个成分，现在应该更系统地加以分析。

道德直觉在道德理论的建构、辩护与批判中的地位

对于从分析的角度关注规范伦理学的哲学家而言，目前最主要的问题是，道德直觉在道德理论的建构、辩护与批

判中的地位。

他们注意到“道德哲学家与政治哲学家，经常在自己的推理中借助于‘道德直觉’。这些哲学家认为，如果某道德理论和某道德原则与他们的直觉背道而驰，那么上述理论与原则就不可靠。而且他们在建立与捍卫自己的理论时，倾向于动员‘直觉’”。[1]

他们认为，为了使伦理学的思考有所进步，首先必须检视动员直觉这个方法的价值，该方法一开始是从罗尔斯（John Rawls）的“反思平衡”（reflective equilibrium）得到启发，但后来有了自己的发展。[2]此一方法提出的疑问属于以下类型。

如果有道德直觉的话，在什么样的程度上我们可以信任自己的道德直觉，去认识什么是好的或正当的？

怎样才能分离出“好的”与“坏的”道德直觉？如果我们要避免自己的道德理论和生活毫不相关，必须考虑到前者；为了避免胡说八道，最好舍弃后者。

道德直觉中的某些原因，是否足以取消该直觉的资格？例如如果我们得知，我们维护动物权利的道德直觉，只

---

〔1〕 Copp, *Experiments, Intuitions, and Methodology in Moral and Political Theory*, *op.cit.*

〔2〕 *Ibid.* John Rawls, *Théorie de la justice* (1979), trad. C.Audard, Paris, Seuil, 1987. 关于“直觉”在罗尔斯的方法中的地位可参见：Jon Mandle, *Rawls's A Theory of Justice.An Introduction*, Cambridge, Cambridge University Press, 2009, p.8–9。关于“反思平衡”，可参见本书书末“词汇”。

是出于自己心中对小鹿斑比的爱意，那么在道德争论中，是否还得考虑这个直觉呢？

道德推理规则的价值

从分析的角度，近距离关注道德直觉是件好事，但它不能让我们忘记，很多关于道德推理规则的难题也会出现。

它们的结构好吗？

有多余的部分吗？

是否前后一致？

02

来一点方法！

我们已经看了什么是专业哲学家设计提供给同行的思想实验，以及什么是“大众化”的思想实验。

具体而言，“大众化”的思想实验进行方式如下：

(1)实验者让受试者接触一些虚构的小故事。受试者要根据几个大家认为恰当的标准加以分类(青少年或成年人、男孩或女孩、学历高低、有无信仰等)。小故事则是预设能激起受试者的道德困惑，像“杀人电车”这种。故事可能写在“纸片”上——这个领域的术语，拿给受试者读，或是由实验者叙述出来。故事的最后都会提出问题，例如“你会怎么做？”“应该怎么做？”“他这么做好吗？”“可以这样吗？”，等等。

(2)受试者看完或听完故事后，把他们自发的回答记下来。

(3)请他们为自己的判断说出理由。

(4)实验者为答案的分布状况作出解释。

（5）接着从实验结果得到一些更一般性的结论，用来评判各种道德理论（诸如后果论、义务论、德行伦理学）的有效性。

“大众化”的思想实验在道德哲学的领域中，是以下各部分的总合：建立关于道德的虚构故事，根据最多元的标准寻求最广泛的受试者，记录自发性判断并且讨论受试者对这些判断的说明，在受试者的回答中区分出原因部分与理由部分，作出理论性的结论。

为哲学家设计的思想实验，跳过第二个与第三个步骤：根据最多元的标准寻求最广泛的受试者，记录自发性判断并且讨论受试者对这些判断的说明。

所有这些实验都是针对我们的道德信念，也就是针对我们觉得好或不好、值不值得做、正当或不正当的事，无论这些信念是自发的或思考过的。

这些实验会用来评估后果论与义务论双方道德直觉的有效性，但也是用来再度思考道德哲学中最传统的问题之一：是否真有与生俱来又普遍存在的“道德感”、某种“道德本能”，如果有，在我们心里又是以怎样的确切形式存在？

我们也从思想实验中区分出行为实验：伸出援手或破坏行为。

道德实验哲学对在实验室进行的活动特别感兴趣，像米尔格兰的实验，用来检验道德“人格”与不道德“人格”这样的观念。

面对如此庞大的计划，立刻可以提出一个异议。这样的计划是不是很天真？考虑到让他们信任的研究，在方法论与认识论上都有不容忽视的问题。

方法论的问题

在道德实验哲学拿来参考的研究活动中，大部分的受试者都被放置在假想的状况里，面对他们在生活中从来没有遇过的处境，或至少面对的不是这种简化过的情境。

这些研究工作饱受各种缺陷之苦：难以把从实验室中所得的行为与结论，扩张到更普遍的生活情境；倾向于把受试者的答案归入原本设计好的类别，但也许不是最适当的类别；等等。

另外，这些研究调查的结论以统计数字表达，造成各式各样的问题：受试者的人数（有时人很少）、受试者能不能充分代表社会大众，以及门槛人数，意思是从什么程度开始，我们会认为调查结果具有重要的意义。[1]

如果某个研究声称可以证实“邪恶的平庸性”，因为三十几个主修道德哲学的学士班学生，在接受关于记忆力

[1] Doris, *Lack of Character.Personality and Moral Behavior*, *op.cit.*, p.1–14.

的有酬实验时，百分之二十的人同意对同学执行痛苦的电击，这时我们就有理由来怀疑这个结论。

认识论的问题

所有这些研究调查（在实验室进行的实验与田野调查），都属于人文科学。然而，利用自然科学的方法，以相同的说明与预测功能的野心，把这些学科和自然科学一视同仁的可能性（与好处），一直引起激烈的争论。

怀疑态度最强烈的人认为，把只有在说明与预测物理事件才能证明有效的方法，运用在一般的人类行为，尤其是心理状态上，这样的计划不可能获得结果。[1]

如果人文科学就算模仿了自然科学的方法，但现在不是、以后也不会成为严密的、说明的与预测的科学，这样做又能比在房间里进行哲学思辨好到哪里去？何必浪费时间去观察实验呢？

必须补充一点，对很多哲学家来说，人文科学的工作所得到的结论，如果有什么好处，对道德思考的帮助也是微乎其微。

人文科学想告诉我们事情是什么样子。它描述事实。道德哲学的工作之一是向我们说出什么是好的，什么应该

〔1〕 Donald Davidson, *Actions et événements* (1982), trad. Pascal Engel, Paris, PUF, 1993.

做。它提出规范。

既然，这些哲学家说，我们不能从一个简单的事实，得出任何规范；于是，作为事实，“大部分人对于对抗饥饿组织不闻不问”，就不能说它是好事，也不能说是该做的事。

把赌注压在经验科学研究上的哲学家，也很熟悉这些方法论与认识论方面的反对意见。他们通常很清楚方法论的问题是什么。他们采用的实验室实验与田野调查，数量很少。这些研究调查属于参照性的工作，只要一发表，就会一直受到方法论顽强的批评。[1]

认识论的两个反对意见看起来比较难反驳，但事实上，由于道德实验哲学目标有限，所以这些意见也不是决定性的。

要确定什么是正当或不正当的、好的或坏的，道德思考不能不参考每个人与所有人的道德直觉，也不能忽略典型的人类“能力”或“需求”。[2]

要分析道德判断或行为，道德思考必须参考大众的“动机”“意图”“情绪”“个性”“人格”。

换句话说，道德思考从来不是完全独立于某些事实之外。在这种意义下，道德思考所使用的概念，其特性也与某

〔1〕 Doris, *Lack of Character.Personality and Moral Behavior, op.cit.*, p.1–14.

〔2〕 Bernard Williams, *Must a Concern for the Environnment be Centred on Human Beings?*, dans Making Sense of Humanity, Cambridge, Cambridge University Press, 1995, p.233–240.

些事实关系密切（每个人与所有人的道德直觉、典型的人类需求、大众的动机与个性等）。

只有当哲学同行在道德推理中，运用了这些关系到事实的概念时，“经验科学派”哲学家才会介入。

他们会重新挑战某些哲学家赋予自己的特权——认为自己比所有人更了解这些概念，但后者没有下功夫去观察。

不过这并不表示经验科学派完全不接受以下这个想法，从事实过渡到规范会产生问题；也不表示他们会天真地忽略人文科学的界限。

03

我们的道德直觉还剩下些什么？

在一般认识论中，有个原则告诉我们："总是和事实相抵触的假设必须加以否决。"

借用上述的一般性原则，某些哲学家想制定一条具有相同形式的道德认识论原则："总是和我们的道德直觉相抵触的道德原则必须加以否决。"[1]

以后面这条原则的名义，效益主义应该已经被驳倒很久了。确实如此，几乎所有的思想实验似乎都表现出，效益主义的原则违反直觉。"效益怪物"与"脱序的人群"这两个实验，还是特别为了证明这一点才设计出来的。不过效益主义仍然蓬勃发展。是因为有的道德哲学家特别笨吗？我们当然没办法排除这个假设，但我不认为具有反效益主义型直觉的哲学家所表现出的反抗行动能够证明它。

首先必须想到，如果保留那些总是让事实驳斥的经验

〔1〕 Appiah, *Experiments in Ethics*, *op.cit.*, p.225.

科学派假设，似乎并不理性，那么保留那些总是和道德直觉相抵触的道德原则，则似乎一点也不会不理性。[1]

这是对效益主义者有利的不对等。碰到他们的原则与共同直觉产生冲突时，他们完全可以主张直觉必须让步。不过不应该这样就推断效益主义者不在乎直觉，因为他们否决掉的只有那些会妨碍他们的直觉。至于那些对他们观点有利的直觉，当然很受欢迎。其实有不少道德直觉能让所有人都感到满意。以下就是对效益主义有利的直觉：

(1) 大家往往会追求快乐、避免痛苦。

(2) 如果我们能在两个行动之间选择的话，必须选择能将善发挥到最大，或将恶降低到最小的行动。

(3) 狂热地坚持原则，不仅不理性，甚至不道德，后果还很悲惨。

义务论者用完全相同的方法行事。他们不接受对他们有碍的直觉，但是找到对他们观点有利的直觉，他们并不会不高兴，像是禁止我们认为在道德上允许把胖子推到轨道上阻挡失速电车的直觉。

此外，思想实验显示出，所有道德直觉都可以有好几种

---

〔1〕 保留总是让事实驳斥的经验科学派假设，这么说当然不能表示，事实可以完全驳斥科学理论。我们永远也不会知道它们实际驳斥的是理论的哪个部分，而且有的时候必须把反对事实的理论保留下来，就像我们把反对直觉的道德理论保留下来一样：W.V.O.Quine, *Theories and Things*, Cambridge, Mass., Harvard University Press, 1981。

诠释方法：效益主义一派从来没有被强制排除在外。

假设大多数人都有如下这组自发性评断：

（1）“道德上允许即将碾过五名轨道工人的电车改道，驶向只有一名工人的支道。”

（2）“道德上不允许为了同样的目的而把胖子推落轨道。”

哲学家对上述评断作出三种不同的诠释：

（1）人们会自发运用义务论不能只把人当作工具的原则。

（2）人们会自发运用义务论重视基本权利的学说。

（3）人们痛苦是因为他们在理智上忠于自己的效益主义准则，而情感上却被导向抵消这个准则。

从认识论的角度来看，我认为真正重要的是，绝对不要弄混什么是直觉，什么是对直觉的辩护，以及什么是心理学家与哲学家对以上两者的诠释。

在“杀人电车”思想实验中，这三项分类符合以下的信息：

什么是直觉？

大家自发性地说出“道德上允许扳动转辙器”以及“道德上不允许把胖子推下去”这个（最原始的）事实。

什么是辩护？

当心理学家与哲学家要求受试者说几句话支持自己的

自发性判断时，他们所作的回答内容通常是“我们不能把自己当成上帝，决定谁该死谁该活”，“转移五个轨道工人所面临的威胁，以及给胖子制造出新的威胁，这不是同一回事”，或者，最常见的回答，“我不知道该怎么说”。

什么是诠释？

心理学家或哲学家对直觉与辩护所提出的说明：“人们会自发运用双重效应原则”，或是“非理性的情绪反应抑制了理性的后果论判断”。

当我们从直觉与辩护进入诠释时，角度会完全改变，我们的目光从执行动作者变成诠释者。

当心理学家或哲学家说出，人们具有“义务论者的直觉”或是“后果论者的直觉”时，属于笨拙或恣意的表达方式。

“道德上不允许把胖子推下去”，这个直觉是原始的事实，既不是义务论的也不是后果论的。我们心里之所以有这个直觉，与任何道德理论都无关，这些理论是心理学家或哲学家的诠释所贴上的标签。

如果某个康德派人士说，“道德上不允许把胖子推下去”属于义务论直觉，就成了语言的误用。他应该说：“我把它诠释为义务论的直觉。”

如果某个后果论者表示，“道德上不允许把胖子推下去”显示出我们的后果论直觉受到非理性情绪的抑制，也是语言的误用。他应该说："我把它诠释为后果论的直觉。"

所以，如果大家不想犯下这样的误用，必须注意不要混淆了直觉与它的诠释。

不过，想支持自己的道德想法或反驳某个对立的道德想法而求助于直觉的时候，遵守这个差别可能造成严重的问题。

直觉本身什么也没说。要让它能取得反驳或支持的功能，必须加上诠释。由于我们能够用许多不同的方式来诠释，所以直觉可以用来支持不同的理论就不足为奇。

义务论者完全可以找到一种诠释，把"道德上允许扳动转辙器"以及"道德上不允许把胖子推下去"这两个判断，拿来反驳后果论。

后果论者也完全可以找到一种诠释，把"道德上允许扳动转辙器"以及"道德上不允许把胖子推下去"这两个判断，拿来反驳义务论。

在这种情况下，直觉要怎样才能帮助我们评断这两个重要但对立的道德理论呢？

04

道德本能到哪儿去了？

我们怎么会倾向于用好与坏、正当与不正当这样的字眼，来评论别人的行为，而这些行为往往和我们没有直接的关系？

我们这个物种，假设是由本质上很自私、最关心自身物质幸福的个体所组成，那么要怎样解释，我们所表现出的利他、好心或慷慨的行动并不属于特例？

对于这些问题，有些传统的回答指向社会学习中奖惩的力量，有些则指向“与生俱来的道德感”或“道德本能”的存在。[1]

学来的道德

如果我们以道德用语评论他人，并且能在行动上合乎道德，完全是因为我们从很小的时候开始，就受到训练要这么做，而且是因为有些制度安排了一些方法，强迫我们一直

〔1〕 Nurock, *Sommes-nous naturellement moraux?*, *op.cit.*

这么做。[1]

与生俱来的道德

如果我们以道德用语评论他人，并且能在行动上合乎道德，那是因为我们天生具有某些道德能力，它在我们出生后很快就会表现出来。我们可以说是经过设定，要用道德的字眼评论他人，并时常表现出利他或好心的行为，这么做也许是由于这些行为对我们这个物种有种种好处。[2]

上述第二个假设属于“自然主义”（与“文化主义”形成对比），是目前引起最多讨论的假设。

通过奖惩的社会制约理论，又称“行为主义”。我必须指出，它在人文科学的所有领域中都有点被打入“冷宫”。

针对这类理论的反击，在语言学的领域最见成效。很多语言学家承认，在母语学习上有许多难以解释的问题。确实，儿童没有经过旁人有系统地教导，最后也能掌握母语的使用，有能力说出无数自己从来没听过的语句，也不会有文法上的错误。

对这个现象所能找到最好的解释，似乎是说所有人类

---

〔1〕 Jesse J.Prinz, *Is Morality Innate?*, dans Walter Sinnott-Armstrong, dir., Moral Psychology, vol.1, The Evolution of Morality: Adaptations and Innateness, Cambridge, Mass., The MIT Press, 2008, p.367-406.

〔2〕 Bjorklund, *Social Intuitionists Answer Six Questions about Moral Psychology*, *op.cit.*

都天生具备了语言能力，能让他们从接收到的少量信息中，重新组建出整个语言。

在道德的领域中，相同类型的假设看来也占有一席之地。

我们具有天生的语言能力，能够说出从来没有经过有系统学习的语言；同样地，我们也具有天生的道德能力，即使没有经过旁人有系统的教导，也能知道什么是好的或坏的、正当或不正当的。[1]

就算是婴儿，在看到他人受苦的场景时，也会表现出不舒服的反应，或是儿童，无论他们接受的是哪种教育，面对不公正的行为，也会有类似的反应。这些事实支持了这个假设。[2]

这种所谓“道德感”（译注：或称“道德情操”）的理论（早在十八世纪便获得苏格兰哲学家的支持），并没有指出人类天生就很“善良”。该理论也完全接受，除了好心或“亲社会”的倾向与生俱来之外，其他破坏性与“反社会”的倾向也是与生俱来。[3]

它只明确表示人类不用经过学习，生性就倾向于以道

---

〔1〕 Jesse J.Prinz, *Resisting the Linguistic Analogy: A Commentary on Hauser, Young and Cushman*, dans Walter Sinnott-Armstrong, dir., Moral Psychology, vol.2, op.cit., p.157-179.

〔2〕 Nurock, *Sommes-nous naturellement moraux？, op.cit.*

〔3〕 Doris, *Lack of Character.Personality and Moral Behavior, op.cit.*

德的眼光评论他人的行为，而且他们“亲社会”或“合乎道德”的行为（利他、慷慨等），不是什么特殊的表现。这只能代表人类“天生有道德”。

有些学者认为所谓“人类心智模块”的理论，也许可以让天然道德观的想法，拥有稳固的科学基础。

然而佛德（Jerry Fodor）并不这么想。他为了使模块的观念有足够明确的内容，付出很多心力。[1]在他看来，道德模块的观念不过是个隐喻，很有吸引力，但没有任何科学意义。

为什么？

模块到底是什么？

佛德表示，模块是高度特殊化的心理机制，组织起来用最有效率的方式处理某些特定的问题：辨识形状、声音、气味、颜色、物体的质地或滋味，将声流切割成单字与句子，等等。[2]

模块的运作如同反射作用：无意识、快速，独立于我们的意识与意志之外。我们可以清楚识别它的生理基础，当这个基础被摧毁时，模块就停止运作（想一想视觉是怎么

---

〔1〕 Jerry Fodor, *La modularité de l'esprit* (1983), trad.Abel Gerschenfeld, Paris, Minuit, 1986.

〔2〕 Ibid.

回事)。它不会受到信念或知识的渗透。至少这是我们从某些知觉层面的错觉之所以存在所得出的结论。即使我们知道两条线的长度相等,但要是它们的末端各具有方向相反的箭头,我们还是会看见某一条线比另一条长(称为"慕勒——莱尔错觉",Mller-Lyer illusion)。

对佛德来说,真正的、唯一能符合所有标准的模块部署(dispositif),是感官知觉的部署。大体而言,它涉及我们的五个感官与语言的自动译码系统。

思想不是,也不能形成模块,因为在思考的活动中,必须纳入我们的信念,而不是把信念隔离在外。这个过程不见得很迅速,完全算不上是无意识,在大脑中也没有清楚的负责部位。佛德认为这就是为什么没有严格意义上的认知模块。思考的活动是某种全面的智力活动,遍及所有的领域,并不是来自具有特定目标的模块,呆板地完成早就被设定好的任务。[1]

总体来说,佛德绝不同意"模块宏"的理论,尤其是斯波伯(Dan Sperber)支持的有关人类心灵的构想,后者接受人类有无限数量模块存在的理论,各种形式都有,并具有各种功能,感觉的、认知的、道德的或其他种类。[2]

---

〔1〕 Jay Garfield, *Modularity*, dans Samuel Guttenplan, dir., A Companion to the Philosophy of Mind, Oxford, Basil Blackwell, 1994, p.441-448.

〔2〕 Dan Sperber, «Défense de la modularité massive», dans E.Dupoux, dir., *Les langages du cerveau*, Paris, Odile Jacob, 2002, p.55-64.

佛德还嘲笑所谓“骗徒侦测”模块[1]，同时明确排除了道德模块的存在可能。

我们的脑袋里是否真有“骗徒侦测”的道德模块？[2]

心理学家科斯米德丝（Leda Cosmides）与人类学家托比（John Tooby）从某些实验研究得出结论，表示我们的心灵中自然配备了某个系统，它可以让我们快速、自然而然、几乎是无意识地，侦测出哪个人在人际合作中不值得信赖。这就是他们所说的“骗徒侦测”模块。[3]

他们的出发点是著名心理实验“选卡片”，华生（Peter Wason）在 1966 年提出的实验。[4]

这个实验的目的其实不是很清楚，但大家已经习惯说它是要检验我们对“若 P 则 Q”这种条件推理的掌

---

〔1〕 Jerry Fodor，«Pourquoi nous sommes si doués dans la détection des tricheurs»，appendice à *L' esprit, ça ne marche pas comme ça* (2000)，trad. Claudine Tiercelin，Paris，Odile Jacob，2003.

〔2〕 以下分析出自我的论文：«Ils voient des modules partout»，dans *Le rasoir de Kant et autres essais de philosophie pratique*，Paris–Tel–Aviv，Éditions de l' Éclat，2003，p.161–187。

〔3〕 Leda Cosmides，*The Logic of Social Exchange*，Cognition，31，1989，p.187–276；Leda Cosmides et John Tooby，*Cognitive Adaptation for Social Exchange*，dans J.Barkow，L.Cosmides et J.Tooby，dir.，The Adapted Mind，Oxford，Oxford University Press，1992，p.163–228.

〔4〕 George Botterill et Peter Carruthers，*The Philosophy of Psychology*，Cambridge，Cambridge University Press，1999，p.109–111.

握能力，或是检验我们能否选出最佳假设的“波普尔”能力〔译注：哲学家波普尔（Karl Popper）提出否证论（falsificationism），认为一切从经验得来的假说、命题和理论必须逻辑上容许反例的存在才是科学的〕。[1]

接受实验的对象假定都很“聪明”（例如大学一、二年级的学生）。他们必须面对四张卡片，每张卡片有一面是数字，另一面是字母，如下所述：

主持者会宣布：

“你的面前有四张卡片，它们一面是数字，另一面是字母。若卡的一面是D，则另一面是3。你必须翻开哪几张卡片才能验证这个规则正不正确？”

爱好逻辑学的人士可以指出，只要知道条件连接词“如果……则”的真值表就能得到正确答案。是的，这里的任务在于考虑：“如果D则3”对所有这些卡片来说是不是都正确？一般的运用方式是思考每一条推理是不是遵守条件连接词“如果……则”的真值表。这个表显示该条件句只有在一个情况下是假的：当前件为真，而后件为假（也就是说真值表上的P为真而Q为假）。

下面是条件连接词“如果……则”（它的象征符号为“→”）的真值表：

---

〔1〕 George Botterill et Peter Carruthers, *The Philosophy of Psychology*, Cambridge, Cambridge University Press, 1999, p.110.

为了让你对这个表的正确性有具体的想法，请看这个例子。我朋友说："如果你经过卖烟的店，帮我买包烟。"我答应了。

（1）如果我经过卖烟的店（P 为真），而且我买了烟（Q 为真），好得很。

（2）如果我没经过卖烟的店（P 为假），而且我也没买烟（Q 为假），没问题。

（3）如果我没经过卖烟的店（P 为假），但我还是买了烟（Q 为真），我朋友不会怪我！

（4）不过现在假设我经过卖烟的店（P 为真），而且我没有买烟（Q 为假），我朋友就会怪我说话不算话。"你经过卖烟的店，可是你没有买烟。为什么？"

事实上，那是四个情形中，唯一他能理直气壮责备我的处境，让我非得解释一番不可。

让我们回到选卡片的游戏吧。

爱好逻辑学的人士应该会这么想："为了知道有没有遵守'若 P 则 Q'的规定，只要检查没有任何状况是 P 为真（有 D）而 Q 为假（没有 3）就行了。所以不用翻开有 3 的卡片（Q 为真），不用翻开有 F 的卡片（P 为假）。只要翻开有 D 和有 7 的卡即可。如果 D 的背面不是 3，或 7 的背面是 D，那么这些卡片就不能证实'如果 D 则 3'。"

看起来好简单！

可是实验结果奇惨无比。失败的比率很可观！[1]

接受实验的对象，尽管在学校修过逻辑课程，但几乎全都选了 D 卡，或是 D 卡与 3 卡，而应该选择的却是 D 和 7。大家可能会想，要是能表达得更具体，使用一般人比较熟悉的例子，结果应该会比较好。可是具体的表达方式也改变不了结果。当实验叙述换成“去国家体育场”和“坐郊区快车”时，失败的概率还是一样高。

然而，当任务的表达方式使用允许或禁止的字眼，结果有明显的改善。例如：“我们想知道在这家咖啡店，大家有没有遵守十八岁以下禁止喝啤酒的规定。”

第一张卡片是“二十五岁”，第二张“可口可乐”，第三张“十六岁”，第四张“啤酒”。

近百分之七十五的实验对象选出了正确的卡片：“十六岁”（为了检查背面是不是“啤酒”），以及“啤酒”（为了检查背面是不是“十六岁”）。[2]

当我们用承诺或社会交换的字眼，结果也很好：“我那篇关于模块宏的论文，如果你能给我一个好点子，我就请你

〔1〕 根据平克 (Steven Pinker) 的说法，介于百分之九十至百分之九十五之间，*Comment fonctionne l'esprit humain?* (1997)，trad. Marie-France Desjeux，Paris，Odile Jacob，2000，p.358；根据波特里 (George Botterill) 和卡鲁瑟斯 (Peter Carruthers) 的说法，介于百分之七十五至百分之九十之间，*The Philosophy of Psychology*，*op.cit.*，p.109。

〔2〕 R.A.Griggs et J.R.Cox，*The Elusive Thematic-Materials Effect in Wason's Selection Task*，British Journal of Psychology，73，1982，p.407-420.

吃大餐。"[1]

总之，当任务以描述的字眼表达时，实验对象的表现很差；要是以义务性的字眼表达，表现就很棒。

怎么解释这种结果？科斯米德丝认为答案很明显，是演化心理学掌握了关键：我们有侦测"骗徒"的模块，意思是指那些想要从人际合作中享受好处，又不奉献心力的人（想一想大家去野餐都会避免邀请的那些人，他们来时两手空空，还把三明治一扫而光）。[2]正因为我们有这样的模块，所以选卡片的游戏内容与义务有关时，我们才会表现得又好又迅速。该理论还说，今天我们之所以具有这个模块，是由于它对我们的祖先而言非常实用，他们需要迅速辨认谁是人际合作中不应该信赖的人。

这个解释至少招来了两点批评：

（1）假定我们对义务性条件句的掌握能力，足以证明我们有叫作"骗徒侦测"的模块，那么依此类推，我们对描述条件句的掌握能力，代表我们不具有古典逻辑的模块。这表示我们的心智运作并没有完全模块化。或许会有佛德式的"中央"系统。

（2）根据佛德的说法，外围系统要能迅速、自动地运

[1] Cosmides, The Logic of Social Exchange, op.*cit.*

[2] Cosmides, The Logic of Social Exchange, op.cit.Cosmides et Tooby, Cognitive Adaptation for Social Exchange, op.*cit.*

作，唯一的条件是，它只对特定类别的刺激（stimuli）有感觉（例如语言的声音，可以将声流切割成句子的模块）。至于骗徒侦测模块，刺激它的是什么？应该会涉及某种社会交换，但似乎必须具有筛选的滤网，从所有可以观察到的人类行为中，筛选出具社会交换性质的行为。这样的滤网是否也是模块？如果它不是模块，侦测骗徒的过程就不是完全的模块化，或者说不是从头到尾整个过程都是模块化。然而这张滤网不能借由定义来让它模块化，因为它的任务是一般性的：从整体论的取向去筛选原始信息，而不是产生这些信息。[1]

围绕模块所进行的争论，是否只属于用字上的争辩？

据我所知，没有任何心理学家给模块化作出严格的定义。捍卫它的权威人士认为，只要具备一定程度的功能特殊性就足以合理讨论“模块”。[2]他们通常会建议削弱佛德对模块的辨认标准，因为他们认为这些标准过于严苛。

不过，如果成为模块不用满足佛德所有的标准，如果具

〔1〕 Fodor,«Pourquoi nous sommes si doués dans la détection des tricheurs», *op.cit.*

〔2〕 Lawrence A.Hirschfeld, introduction à L.A.Hirschfeld et Susan A.Gelman, dir., *Mapping the Mind: Domain Specificity in Culture and Cognition*, Cambridge, Cambridge University Press, 1994.

有某种程度的功能特殊性就足以合理称为“模块”，那么，当然，什么事都可以看作模块，那是佛德绝对不会接受的说法！

由于对模块并没有共同认可的辨认标准，我看不出模块宏的拥护者与反对者双方之间的冲突要怎样才能化解。

基本上，模块问题引起的争吵，不少是因为反对佛德的人士在面对这些模块的判定标准时，表现出摆荡不定的矛盾态度。

有时他们承认佛德的标准有理，认为中央系统以这些标准来看，只有某些部分是模块化的。有时他们质疑这些标准，说中央系统是模块化的，但“模块化”的定义比较宽松。

永别了，道德本能？

有些学者希望借由道德模块的存在，为道德感理论辩护，目的是重建这个理论；其中，海特属于斗志最高昂的学者之一。[1]他不同意给予模块严格的定义。他不认为任何心理运作都必须表现出佛德给出的所有模块标准，才能称为模块。

---

〔1〕 Haidt et Joseph, *The Moral Mind: How Five Sets of Innate Intuitions Guide the Development of Many Culture-specific Virtues and Perhaps Even Modules*, *op.cit.*

不需要对模块提出严格要求的这一点，我个人并不反对，但我觉得，如果按照海特的构想，很难在道德反应的两个部分之间作出精确的区别，一边可以称作“自发性”的部分，另一边是学来的或经过思考的部分。

确实，对于比较不严格的模块构想，我们完全可以构思出一些部署，它们不像感官部署那么难以让信念或知识渗入，但在功能上又足够特殊化，可以被视为模块。

然而一个不怎么严格的模块构想，是否还可以在我们的道德反应中，区别出什么是来自道德直觉的反应，什么是有条理的道德思考结果？

如果道德模块的运作和感官模块不一样，也就是说它不是自主发生，而且不是完全独立于信念与理性之外，那么在面对假定为道德反应时，我们要怎么区别直觉的部分，以及来自学习与思考的部分？

而且，如果不可能区别道德判断的这两个面向，又怎么证明我们的某些道德反应是自然的、与生俱来的和本能的？

05

对自己道德直觉的极限早有警惕的哲学家，一个抵得上两个，甚至更多

道德实验哲学力图弄清楚大家脑袋里形成道德想法的机制，目的是要判断，这些机制作为获得道德知识的方法是否可靠。[1]它不只是要描述道德信念，以及解释这些信念的社会或心理起因。它还试着了解，如果我们的道德想法源自特定起因，还能不能被认为是正当的。

基于这一点，道德实验哲学属于哲学研究，不单纯是社会学或心理学的研究。

无论如何，认为心理学家、民族学家、社会学家与神经科学的专家，在道德哲学上能有所贡献是一回事；而认为他们说得不会错，而且无论议题为何都是他们说了算，就是另外一回事了。

无论道德实验哲学是多么重视并投入经验科学研究，但没有把最后的决定权留给它，无论从方法论的角度，还是

〔1〕 Knobe et Nichols, dir., *Experimental Philosophy*, *op.cit.*, p.8.

从道德或政治的角度来看都是如此。

以下是经常出现的问题：

如果，在我们作出“道德”判断的起点上，一直有负面的情绪参与其中，像是仇恨或怨憎、纯粹的自私自利，或是和伦理学一点关系也没有的心理机制，例如对亲友的偏爱，它们会不会降低这些判断作为真正道德判断的价值？[1]我们是不是真能靠这些判断来告诉我们什么是好的或正当的？

在伦理学以外的领域，我们看到每个人和一般人在作出判断时，也让人不乐观。

于是，要想提出公共卫生方案，它的表达方式会强烈影响我们是否赞成这个方案。

想象一下某流行病威胁到六百人的性命。

卫生部长提出两个计划：

(1)最糟的状况能救两百人，最好的状况能救每个人。

(2)最糟的状况会有四百人送命，最好的状况无人丧命。

面对这样的选择，许多人会拒绝第二个计划，尽管它造

〔1〕 Knobe 和 Nichols 认为这个假设在马克思、尼采、费尔巴哈等人的学说中，都可以找到众所周知的前例。Knobe et Nichols，dir.，*Experimental Philosophy*，*op.cit.*，p.7–8.

成的结果和第一个完全相同。[1]

要解释这种看起来并不理性的反抗现象，我们会想，是不是有种心理机制，它让我们宁愿为了不要失去什么而承担更多的风险，但比较不会为了获得同样的什么而这么做。[2]

为什么我们自发性的道德判断不会受到同一类型的机制的影响？

如果真是如此，那么信赖这些自发性的道德判断，并且根据它们来了解什么是好的或正当的，岂不是不理性吗？

情绪反应一定不理性吗？

提出这个问题很重要，但此处并没有预设的答案。

有些心理学家认为，我们的判断会受情绪因素的影响，就凭这一点便足以显示这些判断是不理性的。

因此格林（Joshua D.Greene）才会怀疑义务论的判断。看着由磁振造影所得到的大脑影像，他表明该类型判断的

---

〔1〕 请参见 Appiah，*Experiments in Ethics, op.cit.*，p.82–88，参考了 Amos Tversky 和 Daniel Kahneman 的研究结果：*The Framing of Decisions and the Psychology of Choice*，Science，221，1981，p.453–458。

〔2〕 请参见 Appiah，*Experiments in Ethics, op.cit.*，p.82–88，参考了 Amos Tversky 和 Daniel Kahneman 的研究结果：*The Framing of Decisions and the Psychology of Choice*，Science，221，1981，p.453–458；F.M.Kamm，*Moral Intuitions, Cognitive Psychology, and the Harming-versus-Not-Aiding Distinctions*，Ethics，vol.108，no 3，avril 1998，p.463–488，p.476；Warren Quinn，*Actions, Intentions and Consequences: The Doctrine of Doing and Allowing*，dans Morality and Action，New York，Cambridge University Press，1993，p.149–174.

形成，和强烈的情绪活动有关。[1]所以它们是非理性的。

这个推理颇具争议性。某个信念和情绪相关，并不足以证明它是错的或非理性的。最多只能说，仅诉诸感觉或情绪，而没有其他的论据理由，很难为该信念的正当性辩护。不过这绝对不能阻止我们去认为，情绪可以用来认识这个世界的某些属性。有只流口水的熊嚎叫着向你跑过来，而你没有任何保护；你不需要经过思考，恐惧会立刻侦测出那只熊的真正属性：危险。会有这样的想法出现并不荒谬。

有个常见的思想实验，要我们设想一群残忍的家伙，为了好玩，正把一只猫活活烧死[2]，面对这个场景，我们的反应是什么。

这个实验可以用来把非道德属性的感受，像是危险，以及道德属性的感受，像是善良或恶毒，加以对照。如果面对这样的场景，我们感到气愤或厌恶，那可不是什么错误。我们可以说，那是因为我们不用思考，就能直接察觉到该行为的某个真实属性：残酷。[3]

---

〔1〕 Greene *et alii*, *An fMRI Investigation of Emotional Engagement in Moral Judgment*, *op.cit.*

〔2〕 实验出自 Gilbert Harmann, *The Nature of Morality*, New York, Oxford University Press, 1977, p.4。

〔3〕 不过哈曼 (Gilbert Harmann) 创造这个思想实验是用来批评伦理客观主义的构想。他认为残酷这个属性，不能脱离我们的判断而存在。它就在我们的脑袋里。它被“投射”在行动上，于是给了我们错觉，以为它涉及该行动的真实属性。

总之，如果我们认为感觉能让我们正确判断现在是下雨还是出太阳，我们同样可以设想：情绪能让我们在某些情况中，认识周边世界的某些属性，例如，什么是危险的或残酷的。情绪不必然会造成错误。它可以是知识的起源。[1]

---

〔1〕 我当然无法在这里深入讨论认识论对于“真相”与“判断”、“信念”与“知识”，彼此之间基本的区别，或是详述认为必须考虑诸信念的因果历史以了解其是否涉及知识的这些人，以及并不这么认为的那些人，两者之间激烈的争论。或是另外两派，认为情绪在道德知识中可以和感受在身体知识中扮演同样角色的人，以及完全不同意的人。关于这些一般认识论与道德认识论的议题，道德哲学领域最出色的著作是塔波蕾（Christine Tappolet）的 *Émotions et valeurs, op.cit.*。她能说得比所有我能说的，都要更多也更好。

06

了解道德推理的基本规则

相信道德直觉的人，绝对不会提出详尽的道德直觉清单。他们不这么做是有道理的。这类直觉的数目太多了。我们只能清点几个最常讨论的：

（1）有某种形式的道德智慧嘱咐我们不要太“玩弄自然”。

（2）所有人都比较喜欢由真实的人或事物所引起的真实乐趣，而不是由机器或药丸带来的人造乐趣。

（3）所有人都能区别什么是值得过的生活，什么是没有意义的生活。

（4）没有人能想象，在某个道德世界中，让人毫无理由地受苦是件正当而令人钦佩的好事。

（5）意图对道德而言很重要，但在其他领域不一定行得通，例如仪节的规定必须严格遵守，没有任何例外，即使出自良善的意图也不能违反规定。

（6）没有人真的相信，在道德领域中没有客观或普遍的东西。

（7）我们倾向于接受，就算我们不是真的有自由能做出和我们实际作为不一样的事，这一点不足以免除我们对自身作为必须负起的责任；此外，那些因为我们的行动而受到损害的人，对我们作出指责，我们也不能说他们的指责不合理。

（8）某些事具有道德的重要性（在政治上“左”倾或右倾），有些事则没有（规定驾驶靠左或靠右）。

（9）某些事在道德上很可耻（面对有权势的人表现得奴颜婢膝），有些事则不会（奉献自己为有急迫需求的人服务）。

这些直觉是不是自发的、不经过思考的、不是学习得来的、普遍的，或生来就有的，这方面的问题始终会引起激烈的争论。这些直觉的确切意指（signification）也是。某些实验研究指出，人们不一定拥有哲学家所说的这些直觉。另外有些研究则告诉我们，某些哲学家对这些直觉所作的预测是正确的。不过有待讨论的直觉名单，当然是没有定案。

相反地，我们轻易就能辨识出几个道德推理的基本规则，的确，我们不能排除还有其他的规则存在，或是在分析后，我们会删去其中某个重复的或前后不一致的规则。

不过既然（至少目前）没有人追问这些规则是与生俱来还是学习得来，我们也没必要进行这方面的争论。[1]

---

〔1〕 接下来，我把出现在下面这本书中有关四个基本规则的分析，做了很多修改，内容大为扩充：*La morale a-t-elle un avenir?* ，Nantes，Pleins Feux，2006。

在基本的道德推理规则中，最为人熟知的是下面三条："应该蕴涵能够"（或说："办不到的事别强人所难"），"不能因为事情是怎么样，就说它应该怎么样"（或说："不应该混淆事实判断与价值判断"），以及"必须用相似的方法处理相似的事件"（或说："差别待遇不公平"）。

我们确实还可以加上第四条，它不太有名，但是在分析许可、义务或禁令的时候，很难省去这一条：

没有必要强迫人去做他们自己必定会做的事，没有必要禁止人去做他们绝对不会自愿去做的事。

所以整个来说，道德推理至少有四条基本规则。

为了让相关讨论看起来较有条理，我分别给每个规则一个代号，但这不代表任何优先级。

R1：不能因为事情是怎么样，就说它应该怎么样（实然——应然问题）。

R2：应该蕴涵能够。

R3：必须用相似的方法处理相似的事件。

R4：没有必要强迫人去做他们自己必定会做的事；没有必要禁止人去做他们绝对不会自愿去做的事。

R1：不能因为事情是怎么样，就说它应该怎么样（实然——应然问题）

我们有理由相信一般人常常有自私、贪心、仇外或性别歧视的表现。假设这是无可争辩的事实。那么因此而得出结论，说自私、贪心、仇外或性别歧视都是好事，或者大家应当如此，这样符合逻辑吗？

不合逻辑，而且似乎没人会这样推理。就连表现出自私、贪心、仇外或性别歧视的人，也要找寻其他理由（应该好不到哪里去）来为自己的态度辩护。他们似乎也会运用道德推理中这个最有名的规则："不能因为事情是怎么样，就说它应该怎么样。"

事实上，"不能因为事情是怎么样，就说它应该怎么样"是范围更广的一般性规则。这条规则给所有关于许可、义务或禁令的推理，也就是所谓"规范性"或"义务性"（deontic，来自希腊文 deon：义务）的推理，设置了某些界限。因此，它也会用在法律上或认识论的推理中。

我们有时称它为"休谟定律"或"休谟的铡刀"，因为休谟（David Hume）为它提出了第一个严格的表述方式。起因是他在某段文字中，提到某些事实陈述会过渡为道德指令时，为论说的过程作了某种程度的自由发挥。[1]

其实，他在那段论说里并没有完全排除事情是怎么样会过渡到应该怎么样。他只是指出，这种智力活动必须加以解释但通常都没有解释。[2]要是没有对过渡的部分作出必要的解释，它就是非理性的活动。为了忠于休谟，我们必须这么写："不能因为事情是(is)怎么样，就说它应该(ought)怎么样，除非能提出其他论证。"[3]

"不能因为事情是怎么样，就说它应该怎么样"这条规则还有其他的表述方式。

例如："必须仔细区别，什么是对事实的判断——或是真、或是假，什么是对价值的判断——或是好、或是坏，并且避免从第一类判断推演出第二类判断。"

不过休谟谈论的不是从事实判断到价值判断的过程。对他而言，问题在于从事实推演到义务规范与禁止规范的过程。

波普尔(Karl Popper)为"不能因为事情是怎么样，就说它应该怎么样"，提出了认识论的表述方式。他认为，我们完全可以在事实上获得共识，但同时在规范上彼此反对。于是有了规范不必然来自事实的想法：

---

〔1〕 David Hume, *Traité de la nature humaine* (1739–1740), Ⅲ: *La morale*, trad.Philippe Saltel, Paris, GF, 1993, p.65.

〔2〕 感谢 Vanessa Nurock 为我说明这一点。

〔3〕 我在通常用来表现休谟公式的句子中，加上"除非能提出其他论证"，以更接近他在文章里的意思，但接下去我会使用已经为哲学界通用的简要版公式。

“因此，十诫中的‘不可偷盗’普遍得到认可，被看作社会学的事实；然而诫令本身并不是也不可能是一个事实。即使某些事实确实存在，但仍然有可能依此作出许多不同的决定。就拿同一个例子来说，虽然大多数人同意‘不可偷盗’，但完全阻止不了其他人反对这个决定，或是说服表态者改采其他决定。换句话说，没有任何作出规范或决定的陈述，是必然从事实陈述衍生出来的。”[1]

庞加莱（Henri Poincar）提出的表述方式如下：“我们不能从非规范性前提，推演出规范性结论。”

“不能因为事情是怎么样，就说它应该怎么样”的规则，以庞加莱的逻辑表述出现时，最能引起哲学家的注意，而且同样是在这个表述方式中，该规则引起了最强烈的质疑。

哲学家希尔勒（John Searle）主张，从实证性陈述——例如“吉姆对儒勒说‘我承诺给你二十欧元’”，我们有可能以符合逻辑的方式得出规范性陈述——“吉姆必须给儒勒二十欧元”。[2]

不过整个问题在于知道，“吉姆对儒勒说‘我承诺给你二十欧元’”这个推理的前提，是否纯粹是实证性、描述性的。

---

〔1〕 Karl Popper，*La société ouverte et ses ennemis*，t.I：*L' ascendant de Platon* (1962)，trad.Jacqueline Bernard et Philippe Monod，Paris，Seuil，1979，p.61.

〔2〕 John Searle，*Les actes de langage* (1969)，trad. Hélène Pauchard，Paris，Hermann，1972，p.228-254.

尤其我们还能假设：如果该保证不是强行取得、如果它没有藏匿某个威胁，唯有在这样的情况下，该保证才会是承诺。[1]

把它和这一句“儒勒对吉姆承诺，一有机会就偷走他的光盘收藏”，比较一下。我们可以得出“儒勒必须偷走吉姆的光盘收藏”吗？

承诺某件事，不足以带来某个义务。这个承诺还必须是有效的，没有藏着什么威胁，可以让人清楚看见它所包含的好处，等等。

如果我们接受承诺的观念包含了上述类型的规范面，并且和它的描述面不可分，我们就不能再说，“吉姆对儒勒说‘我承诺给你二十欧元’”这个陈述纯粹是描述性的。而且希尔勒也不能再说，他从纯粹描述性陈述，得出了规范性陈述！

然而，假设希尔勒是正确的，假设他的论证可以让我们认为，从某些描述性陈述能够得出规范性结论，那么能不能将这个结果一般化呢？

能不能说，从所有描述性陈述，都能得出规范性结论？我不认为如此。

再来看看遭到波普尔排斥的推理：“大部分的人认为不应该偷窃”，所以“不应该偷窃”。

---

〔1〕 感谢 Florian Cova 指出这一点。

这样的推理方式，犯了非形式逻辑所谓的“从众谬误推理”，也就是每次我们碰到“大家都这么说，所以这么说是对的”这种推断论证时所犯的错误。

所有人都同意 p，从这个事实不能证明 p 为真；没有人同意 p，从这个事实也不能证明 p 为假。

秉持同样的方式，想主张某个制度是好的或正当的，光说“每个人都这么想”是不够的，必须有其他的论点。否则的话，古典时期的哲学家就有理由主张，奴隶制并不是不道德的，毕竟当时每个人都这么想。

接受“不能因为事情是怎么样，就说它应该怎么样”这个规则的人，当然不会认为必须避免用和社会生活相关的事实来主张规范性陈述，例如“不应该偷窃”或是“永远要遵守承诺”。不过，我想他们还是会表示，不能因为大家都这么做，或大家都说这么做是好的，所以这么做就是好的，或这么做就成了我们的道德义务。否则的话，他们大概就会认为所有的道德批评都没有存在的必要，只需要搬出“俗话说”或人人都有的成见就够了。

R2：应该蕴涵能够

根据第二条规则，要求别人做出不可能的事是荒谬的，例如在同一时间出现在两个不同的地点。

这条规则通常表达为：“应该蕴涵能够”，或是比较大众化的说法“办不到的事别强人所难”。[1]

由于意识到这条规则的存在，我们会觉得某些行政规定，对那些想合法居留的外国人来说，是十分不合理且不可思议的。例如要找到工作，必须先有住所；但如果要有住所，又必须先找到工作〔译注：在法国租房或买房几乎都必须出示薪资单〕。这类行政规定令人反感的地方，是它似乎强迫人去做不可能做到的事。

然而，所有对于“应该蕴涵能够”的深入讨论，都要求其中的主要用词“应该”与“能够”必须经过详细说明。这开启了不少难题。

“应该”，至少有两个完全不同的意思：高度可能性（“应该会下雨”“他应该已经到了”），以及义务（“你应该把借的东西还回去”）。“应该蕴涵能够”中的“应该”，当然必须采用义务的意思，但是它涉及的可以是绝对义务——完全不考虑行动者具有什么目的的无条件义务，或者是允许例外的义务——将行动者的某些目的纳入考虑的假设性（有条件）义务。

“能够”这个词也很难定义。我们可以考虑逻辑的或物理的可能性，也可以考虑心理的可能性，但没有一个轻易就能识别出来。此外，我们还可以考虑，某个情形所涉及的物

---

〔1〕 关于辩论状况，请参见拙著《Le rasoir de Kant》，dans *Le rasoir de Kant et autres essais de philosophie pratique*, *op.cit.*, p.81–90，以及书目 p.195–196。

理或心理的可能性，是对每个人都如此呢，还是只针对某个特定对象。对某个人而言是可能的，并不表示对所有人而言都是可能的。人类要在十秒之内跑完一百公尺并非不可能，尤其是用了禁药以后。不过我个人是不可能的，就算用上最尖端的药品，我也跑不了那么快，搞不好不到二十公尺就倒地不起了。

对于“应该蕴涵能够”，或是我们常说的“办不到的事别强人所难”，上述难题并不妨碍它挑选出有意义的责任。这条规则可以表明，强迫人要跑得比人类能力所及还快，不啻为荒谬之事。它也能说明，强迫某人要跑得比他的能力所及还快，是个荒谬的想法。

R3：必须用相似的方法处理相似的事件

如果“必须用相似的方法处理相似的事件”不是道德推理的基本规则，那么在已经提出的思想实验中，有些实验就不会那么值得讨论了。

想一想“池塘中溺水的儿童”，以及“有人把小提琴家绑在你身上”。

（1）任由某个儿童丧命，只为了保住自己的新鞋，以及不给自己造成工作压力，如果你认为这件事骇人听闻，那么，只需要捐出收入的一小部分就能救助贫穷国家的儿童但不捐钱，任由他们饿死，应该也会让你觉得骇人听闻，因为它涉及相似的事件，必须获得相似的反应。[1]

(2)有个不速之客要让你九个月动弹不得，如果你认为摆脱他在道德上是可以接受的，那么，你应该也会认为，终止非自愿妊娠在道德上同样可以接受，因为它涉及相似的事件，必须用相似的方法处理。[2]

当然，我们可以思考一下，事件之间是否真的相似，或仅仅是种比附援引。[3]

我们还可以想一想，这个相似性是意味着绝对同一性，还是充分同一性，是在某些方面的同一性(例如道德上的)，还是在所有方面都要相同(例如“池塘中溺水的儿童”的年龄或肤色)，这么一来就会很可笑。

不过这些都不会损害 R3 的重要性，这条假设性规则要求我们，若且唯若，我们有理由认为某些事件在相关方面是相似的，那么就要用相似的方法处理。

R4：没有必要强迫人去做他们自己必定会做的事，没有必要禁止人去做他们绝对不会自愿去做的事

(1)你正在关门，某人看到你这么做但还是对你说：

---

〔1〕 Singer, *Sauver une vie.Agir maintenant pour éradiquer la pauvreté*, *op.cit.*

〔2〕 Thomson, *A Defense of Abortion*, *op.cit.*

〔3〕 当我们考虑是否能把面对不速之客的态度，推广到面对胎儿时，每次都会提出这个问题：Boonin, *A Defense of Abortion*, *op.cit.*, p.133–276。

“把门关上！”

这个指令看起来多余且荒谬。命令你去做你正在做的事，有什么意思？

(2)你打算一整天都躺在床上，因为你觉得自己感冒了。假设某人知道你既没有意愿也没有体力起床，但还是禁止你下床。

这个禁令看起来多余且荒谬。禁止你去做你不想做的事，有什么意思？

要再多加几个例子也可以。这种无意义的义务或禁令，足以糟蹋我们的生命。幸好哲学省思提供了一些方法，让我们摆脱这些东西。我们可以建立一些原则，用来过滤给予许可、义务或禁令的规则，用来评估这些规则，用来了解什么是前后一致的、聪明的、有效的规则，以及什么是多余的、矛盾的、无意义的规则。

因此，康德提出了规范性精简原则，让我们把本来就会去做的事，排除在规范之外(像是保持身体健康、追求幸福)。

这个原则在他批评以幸福为目的的道德学说时，扮演非常重要的角色。对康德而言，要求我们幸福的道德处方甚是可笑，因为那是我们自己必然追求的目标。[1]

---

〔1〕 Emmanuel Kant, *Critique de la raison pratique* (1788), trad. L.Ferry et H.Wisman, Paris, Gallimard, 1985, p.62-63.

我们可以说，这个规范性精简原则，也能帮我们排除一些无用的规范，也就是禁止我们去做无论如何我们都不会自愿去做的事（像是生病或不幸福）。

于是我们有了两条规范性精简原则，可以称为康德剃刀，对他为反对幸福的道德所作的论证表示敬意，同时指涉著名的奥坎剃刀（Occam Razor）。[1]

这两条规则可用以下方式表述：

（1）没有必要强迫人去做他们自己必定会做的事。

（2）没有必要禁止人去做他们绝对不会自愿去做的事。

这两条规则在批评所谓“道德感”的自然主义理论时，能扮演非常重要的角色。该理论假定的是，有某种与生俱来的道德能力存在。

如果大家都具备某种与生俱来的“道德感”，那么要如何解释，在所有已知的人类社会中，都有数量庞大的道德责任与道德禁令？

---

〔1〕　奥坎是中世纪哲学家与神学家，他建议，不要把实体与解释性原则，增加到超出了实际的需要。请参见拙著 *Le rasoir de Kant et autres essais de philosophie pratique*, *op.cit.*, p.76。

07

勇敢批评道德推理的基本规则

对很多哲学家来说，前文介绍的四条规则不容置疑，但其实每一条都能引起争议，而且它们整体的一致性也令人质疑。

在大量的文献中，R1（“不能因为事情是怎么样，就说它应该怎么样”）被认为与 R2（“应该蕴涵能够”）不兼容，而遭到排除。[1]

R3（“必须用相似的方法处理相似的事件”）则是流于形式，并且可能会让我们接受一连串在道德上令人反感的判断。另外，R3 与一种极不可靠的推理（一般称为“滑坡论证”）具有某些共同的特性。以上只列出两个必须谨慎运用 R3 的理由，但不是只有这些。

R4（“没有必要强迫人去做他们自己必定会做的事”与“没有必要禁止人去做他们绝对不会自愿去做的事”）似乎

〔1〕 K.E.Tranøy, *“Ought” Implies “Can”.A Bridge from Fact to Norm.Part I*, *Ratio*, 14, 1972, p.116–130.

与我们的生活习惯不相符，在生活中，我们常常鼓励别人去做他们已经在做的事，例如“加油！”“坚持到底！”。[1]

现在让我们来看得更仔细一点。

关于 R1“不能因为事情是怎么样，就说它应该怎么样”的几个问题

尽管它能当作所有道德推理的规则根源，但如果我们要建立整体一致的哲学观点，“不能因为事情是怎么样，就说它应该怎么样”，绝对不是非遵守不可的原则。不遵守这条规则也可以建构有效的学说。

（1）最彻底的主观主义哲学家全心全意地认为，符合道德的事，或恰当的事，就是全世界的人或某个社会中的人都赞同的事。[2]他们根据实际上的样子（所有人都赞同的事），说出什么是应该要的样子（好事或应该做的事）。

（2）罗素（Bertrand Russell）谴责效益主义，因为他认为这个学说从什么是大家要的（我们本来就会追求最大限度的快乐），得出什么是值得要的（我们应该追求最大限度的快乐），也就是从事实推演出规范。[3]不过这并没有妨碍

〔1〕 Nurock，*Sommes-nous naturellement moraux?*，*op.cit.*

〔2〕 Gensler，*Questions d’éthique*，*op.cit.*

〔3〕 Bertrand Russell，*A History of Western Philosophy* (1946)，Routledge Classics，2004.

效益主义的蓬勃发展。

(3)从亚里士多德那儿获得启发的自然主义者,提出各式各样的例子,目的是指出“不能因为事情是怎么样,就说它应该怎么样”是现代的发明,它让我们每一天都离真正的道德越来越远,而真正的道德是建立在每个生命体的天性与需求上。我们说“必须给植物浇水”时,就从与植物自然需求相关的事实(吸收水分是需求之一),理所当然地得出了规范性结论(“必须”)。当然,这是假设性的“必须”,有条件的义务,从植物自我保存的欲望衍生而来。然而,认为还有其他类型的道德义务,所谓的“定言律令”,无条件的、绝对的、完全脱离了具体生命的欲望、需求或利益——这种想法是不是非常荒诞,没有实质的重要性,纯属哲学上的幻想?[1]

(4)近半个世纪以来,罗尔斯发展出来的“反思平衡”的方法,以及其他方法,已经让法律、伦理与政治这些领域中的规范性研究,找出了颇为牢固的认识论基础。[2]“反思平衡”是一种不打算“建立”平衡的方法。它的提议只是把有能力的评判者所作的自发性道德信念、我们的道德原则,以及我们有系统的哲学理论,进行对照,以便循序渐进地建

〔1〕 Philippa Foot, *Morality as a System of Hypothetical Imperatives*, The Philosophical Review, vol.81, no 3, juillet 1972, p.305–316.

〔2〕 Scanlon, *Rawls on Justification*, *op.cit.* 参见本书书末“词汇”中的“反思平衡”。

造出整体上具有足够一致性的道德构想。

这个方法的某些版本并不认为我们可以用不同的标准去检视道德信念与非道德信念，好像它们之间一点关系也没有。这可算是“广义的”反思平衡。[1]

（5）道德实验与政治哲学属于新的研究领域，世界上每个地方几乎都有高水平的学者投身其中。[2]推动这些研究的想法是：完全独立于经验事实之外的规范研究，通常会导致脱离现实、贫乏而无益的结论。之所以脱离现实，是因为没有考虑到某些和心智结构或社会机体有关的经验事实。之所以贫乏，是因为它往往会诉诸某些模糊而抽象的原则，例如“人性尊严”，同时忽略了人在现实生活中所遵循的行为准则。最后，这种研究对于如何导引相关行动者的行为，没有提出多少值得参考的意见，因为它不考虑行动者的意见与他们的具体关怀。

主观主义者、效益主义者、自然主义者、广义的融贯论者，以及道德实验哲学家，他们并不认为我们不能在“实然”与“应然”之间建立起各式各样的关联。

既然有这么多哲学家如此主张，总不能说他们都错了！

---

〔1〕 Norman Daniels, *Reflective Equilibrium*, Stanford Encyclopedia of Philosophy, sur Internet (http://plato.stanford.edu/entries/reflectiveequilibrium/).

〔2〕 Appiah, *Experiments in Ethics*, *op.cit.*

关于 R2“应该蕴涵能够”的几个问题

某些思想实验会让我们怀疑这条规则的明晰度。

罗密欧住在离罗马市中心三十公里的地方。他约了朱丽叶星期四下午四点，在罗马的纳沃纳广场见面。罗密欧约朱丽叶的时候作了承诺，于是让他有了义务，应该在那个星期四下午四点，来到罗马的纳沃纳广场。

可是约会那一天，罗密欧中午吃得太饱了。他决定睡个午觉。当然，他没听见闹钟的声音。下午三点五十九分，他突然醒来。太迟了！他不能四点准时抵达纳沃纳广场。

这么一来，他应该做的事就取消了吗？并没有，他不能赴约的事实，不代表他不应该赴约。那么，即使罗密欧不能赴约，他也应该赴约，这么说会不会矛盾？不会。

正因如此，当朱丽叶责怪罗密欧没办法履行义务的时候（每次都这样），她不会让人觉得非常不理性。

如果罗密欧睡午觉的时候被绑架，或那顿大餐导致他内出血而死，似乎他的义务就可以解除了。这个思想实验很有可能让我们得出两个互相抵触的结论：

（1）“应该蕴涵能够”是对的：罗密欧应该去赴朱丽叶的约会，若且唯若，他能去的话。

（2）“应该蕴涵能够”是错的：罗密欧应该去赴朱丽叶

的约会，即使他不能去也一样。[1]

于是，我们可以建立有效的哲学理论，不用遵守 R1“不能因为事情是怎么样，就说它应该怎么样”的规则。至于 R2“应该蕴涵能够”是不是对的，没有绝对的标准答案。

此外，R1 和 R2 也有可能互相抵触。

R1（“不能因为事情是怎么样，就说它应该怎么样”）与 R2（“应该蕴涵能够”）的冲突

具体说明一下 R2（“应该蕴涵能够”）：“唯有当查理能够登上月球的时候，他才应该去。”从这个式子还能以逻辑的方式得出另一个式子。

“如果查理不能登上月球，我们就不能强迫他去：他不应该去。”

可是这个新的表述方式，会给所有接受 R1 的人带来困扰，因为 R1 可以改写成这种逻辑推理的形式：“我们不能从非规范性前提，推演出规范性结论。”

确实，“如果查理不能登上月球，他就不应该去”，这个陈述完全违反了 R1 的上述逻辑推理形式，因为某个规范性

[1] 我在下面这本书中提出了完整的论证：*Le rasoir de Kant*, *op.cit.*, p.81–90。

结论（“查理不应该去”），正是以某个非规范性语句为前提（“查理不能去”）！[1]

于是 R2 似乎和 R1 互相抵触。

如果这个冲突确实存在，就必须对那两条规则进行取舍，或是修改那两条规则，让它们彼此兼容。

主观主义者、效益主义者、自然主义者、广义的融贯论者，以及道德实验哲学家，可以让自己无视 R1“不能因为事情是怎么样，就说它应该怎么样”的存在。

有没有什么论证可以用来省略 R2“应该蕴涵能够”，或是修正它？

有的。这条规则似乎会让我们得到一些荒谬的结论，我们可以想象如下主张：

(1) 破产的债务人没有义务偿还债务，因为他没有能力。

(2) 有偷窃癖的人没有义务不去偷，因为他不能不偷。

(3) 虐待狂或心理变态的人没有义务不去杀害他们的受害人，因为他们没有办法不这么做。[2]

此外，“应该蕴涵能够”似乎排除了道德冲突。如果我

---

〔1〕 我们可以试着排除这样的结果，主张第一个前提（“查理不能”）并非真是描述性的，或是主张结论（“查理不应该”）并非真是规范性的，但这可不是件容易的事！请参见前书：*Le rasoir de Kant*, *op.cit.*, p.82–85。

〔2〕 Michael Stocker, *Plural and Conflicting Values*, Oxford, Clarendon Press, 1990, p.96.

们认为道德冲突不存在，这条规则不会有所动摇，但如果我们认为有道德冲突，就会动摇。

我应该跳进湖里，试着救起右手边那个溺水的小孩。

可是那小孩是双胞胎之一，另一个掉到了我左手边，他们之间有一段距离，让我没办法同时救出这对双胞胎。

按照公平原则的要求，我们应该用相似的方法处理相似的事件，如果我真的要试着救起这一个，那么我也应该试着救起另外一个。换句话说，我应该两个都要试着救起来，但是很明显地，我不能做到这样的事。这类事件能让我们设想“应该”不一定蕴涵“能够”的可能性。[1]

最后，“应该蕴涵能够”没有考虑到一些常见的处境，也就是因为意志软弱或其他任何理由，我们违反了给自己设定的义务。从这些处境中，我们不一定能断定义务的真实性有问题。这一点也能进一步肯定，“应该”在逻辑上不蕴涵“能够”。

这些例子只是要指出，在义务与能力之间没有逻辑性的关联，并不代表不能合理主张“应该蕴涵能够”。

从这些例子作出下面的推断，似乎不会不合理，那就是，至少在我们的世界里，要求不可能的事在逻辑上是可

---

〔1〕 此例之灵感来自 Ruth Barcan Marcus，*Moral Dilemmas and Consistency*，Journal of Philosophy，LXXVII，3，1980，p.121－136。

能的。[1]

如果我们假定，要求不可能的事在逻辑上是可能的，那么问题就变成了为什么我们应该这么做。

一个大家会要求去做不可能的事的世界是什么样子？我们会想活在这样的世界吗？

关于 R3“必须用相似的方法处理相似的事件”的几个问题

R3“必须用相似的方法处理相似的事件”产生一个非常普遍的问题。这是一条形式上前后一致的规则，它要求我们作道德判断要立场坚定，但不去解释由什么来支持这些判断。

不过假设一下，在完全不了解道德词汇的情况下，我们很诚恳地认定希特勒是个正直的人。根据“必须用相似的方法处理相似的事件”，我们就得认定所有表现得像希特勒一样的人都是正直的！

在这里，主要的道德问题是想知道，为什么我们会笨到发表出“希特勒是正直的”这个原始判断。

事实上，R3“必须用相似的方法处理相似的事件”只

---

〔1〕 Tranøy, *“Ought” Implies “Can”.A Bridge from Fact to Norm.Part* Ⅰ, *op.cit.*, p.122.

具有补充性质的道德重要性：此规则的道德价值，取决于原始判断的质。

像刚才那个特殊的例子，最好不要遵守规则！

规则 R3 的背后，是我们对于公平所作出的道德要求，但这会引出和上面一样的问题：我们可以非常公平地对每一个人都很坏。

此外，R3“必须用相似的方法处理相似的事件”，和一个通常用在道德辩论中的论点，表现出某些共同的特性，但是该论点的有效性颇令人怀疑，那就是所谓的“滑坡论证”。[1]

这样的反对意见比较不让人困扰，因为要局部反驳它是有可能的。

滑坡论证的谬误

要说明这个论证并不困难，在公众争论中用到它的机会太频繁了。[2]

最自由派的人士说：“一开始是限制后期堕胎，最后就会禁止避孕，然后搞不好还要禁止不以生育为目的的性行为。”

---

〔1〕 Jean-Yves Goffi, *Penser l' euthanasie*, Paris, PUF, 2004, p.29-42. 作者对这个论点作了非常清楚的介绍。

〔2〕 请参见拙著 *La vie, la mort, l' État, op.cit.*, chap.2。

最保守派的人士回道："一开始是准许堕胎，最后就可以杀婴，然后搞不好连故意杀人都可以除罪。"

最自由派的人士说："一开始是禁止协助坚决要求死亡的人，最后就是像以前那样禁止自杀。"

最保守派的人士回呛："一开始是允许协助自杀，最后就是可以除掉老人、穷人和残障者，然后搞不好其他类型的人也没法活着，只要我们认为那些人的生命没有存在的价值。"

有哲学家试图把这些常见的推理形式化，以便加以评估。

根据哲学家威廉斯的说法，滑坡论证的成立有两个必要条件：[1]

(1)我们所得到的结果，必须无可否认的可怕（法律许可除掉年幼者或残障者，等等）。

(2)之所以会顺着斜坡滑向可怕的结果，并不是逻辑或概念上的推理，而是自然的推进，由社会、心理或生物因素所引起。换句话说，不要把"滑坡论证"和逻辑学所谓的"连锁推理"搞混。后者指的是一种诡论，可以让我们对秃

[1] Bernard Williams,«L' argument de la pente glissante» (1986), dans *La fortune morale*, trad.Jean Lelaidier, Paris, PUF, 1994, p.337-351.

头、麦堆或侏儒的存在产生怀疑。[1]

然而这两个条件常常没有被满足。

大家会断定某个结果很可怕但没有加以证明：

滑坡论证：如果允许以治疗为目的的生殖复制，最后一般性的生殖复制就会成为合法。由于一般性的生殖复制很可怕，所以我们要禁止以治疗为目的的生殖复制。

反对意见：没有人证明一般性的生殖复制很可怕，仅仅是断定而已。

许多人认定一旦让某些可以容忍的事发生，必然会转变为可怕的事，但没有明确说明这个必然性是什么：

滑坡论证：如果允许以治疗为目的的生殖复制，一般性的生殖复制就会合法化，接下来就是把复制出来的身体变成工具，成为基因来源者的保健用品、肢体或器官的储备库。这将是一场道德浩劫。

反对意见：为什么只要出现虽有争议但能容忍的第一阶段，一定会进入每个人都觉得可怕的最后阶段？为什么

---

〔1〕“连锁推理”惯用的例子是麦堆。如果一粒麦子不能形成一堆，那么两粒也不行，因为两粒麦子不足以和一粒麦子作出区别。同样地，如果两粒麦子不能算是一堆，那么三粒也不行，因为三粒麦子不足以和两粒麦子作出区别，依此类推。最后就是麦堆不存在！戈菲（Jean-Yves Goffi）用同样的论证所提出的版本，把麦粒换成了侏儒。典型的侏儒身高七十公分。试想某人身高七十加五公分。我们是否必须说他也是侏儒？当然，因为他和七十公分的人没有明显的差别。可是如果身高七十加五公分是侏儒，那只比他多五公分的人是不是侏儒呢？是否也得说他是侏儒呢？当然，因为他和七十加五公分的人没有明显的差别。如果持续很多很多次，每次五公分加下去，得出的结论就是身高二米四也是侏儒。Jean-Yves Goffi, *Penser l' euthanasie*, *op.cit.*, p.33.

社会中的抑制机制，不足以避免从可以容忍的阶段滑落到可怕的阶段？如果大家投票要绝对禁止生殖复制，是因为大家认为投票结果会受到遵守，那为什么对于有局限性的禁令——严格禁止生殖复制的不当使用，大家反而没有相同的信心？

总之，对这项生殖革新所施加的有局限性的禁令或严格的法律框架不会被遵守，这样的想法是从哪儿来的？

它是否假设人类有某种心理：控制或利用同类的欲望没有限度？

它背后是否有某种形而上假设：人类有某种倾向，让他总是做出最糟糕的事？

它的基础是否为某种社会学的假设：我们服从疯狂的竞争规则，它强迫我们在技术革新上总要不断向前，完全不考虑会对人类造成损害？

在公众的论战中，这一点没有明确的答案，关注生殖复制的哲学家同样没有确切的意见。

我们可不可以捍卫“用相似的方法处理相似的事件”这个规则，不屈服于滑坡论证的谬误？

乍看之下，在逻辑上是不可能捍卫 R3“用相似的方法处理相似的事件”，同时又避免滑坡论证的谬误。

因为要坚持“用相似的方法处理相似的事件”，必须不去考虑某些道德上不重要的差异，这样才可能从主张一种做法过渡到主张另一种做法。这么一来，就可以认为，摆脱某个要让你九个月动弹不得的陌生人，和某种类型的自愿终止妊娠之间，没有什么重要的道德差异。这时根据规则 R3 就可以认为，从道德的角度而言，必须以同样的方式处理这两个事件。〔1〕

一般人似乎也是这样利用滑坡论证的论点。断定自杀的合法化，等于准许消灭医院里最穷的病患，同时认定如果接受了第一件事，必定会促成第二件事。

但事实上，主张“用相似的方法处理相似的事件”的人当中，没有人提出在现实生活中一定会从某个相似的事件推展到另一个。两个事件之间的比较完全是概念上的。从来没有所谓的“自然发展”。

例如，断定按摩师与性工作者之间，在道德上没有什么重大差异，绝对不表示如果某人开始在运动治疗诊所当按摩师，最后一定会到暗巷拉客！

“用相似的方法处理相似的事件”是概念性的规则。它和设想事件与事件之间有“自然发展”的滑坡论证，一点关系也没有。

---

〔1〕 Thomson, *A Defense of Abortion*, *op.cit.*

关于 R4“没有必要强迫人去做他们自己必定会做的事，没有必要禁止人去做他们绝对不会自愿去做的事”的几个问题

你正在把门关上，这时有人命令你关门，而且下命令的人知道你正在关门，这个命令从概念的角度看是多余的，毫无理智与理解上的用处。从某方面来看，完全是蠢事一件。

你因为感冒，一点也不想离开房间，而某人明明知道你完全不想出去，还禁止你离开房间。这道禁令从概念的角度看是多余的，毫无理智与理解上的用处。从某方面来看，完全是蠢事一件。

不过这既不代表这道命令或禁令什么也没有表达出来，也不表示它们不具有实用的功能。

命令某个人去做他正在做的事，有时可以用来强调赞同、表示支持，就像群众对着某个拳击手大喊："打倒他！"[1]而他也正要击倒他的对手。

禁止某个人去做他不想做的事，同样可以具有支持或赞同的正面功能，就像有人对你说"你感冒了，别出去"，而你本来就一点也不想出门。

不过在很多情况下，命令某人去做他正在做的事，或禁

---

〔1〕 Nurock, *Sommes-nous naturellement moraux?*, *op.cit.*

止某人去做他不想做的事，会让人觉得不太友善。好像是羞辱性的举动，强调某种支配或从属的状态。

命令某人去做他正在做的事，不正是向他表示，他的意愿毫无价值？

禁止某人去做他不想做的事，不也是向他表示，他的意愿毫无价值？

结论

不要试图"建立"道德!

大部分的哲学家会对你说，如果对道德思想感兴趣，应该从思想史的重要著作出发，一读再读，以便具有"稳固的基础"。

不过邀请读者进行伦理思考的最佳方法，不见得就是让他觉得，自己能平静地安居在"思想巨人"所构思的学说中。

这就是为什么我觉得让读者直接面对道德思想的难题会比较有道理，在他本有的聪慧面前，摆上一定数量的问题、进退两难的困境与逻辑思考的悖论，并且让他发现科学研究的成果其实和哲学传统中的某些想法背道而驰。

(1)有些极其怪诞的思想实验(隐形罪犯、疯狂医生、杀人电车、经验机器等)曾经提交给广泛的社会大众，而实验得出的结论让我们对自己道德直觉的坚定性或普遍性产生怀疑。

（2）关于人性的慷慨与残酷的实验，其结果让人重新讨论足堪表率的道德人格是否存在。

（3）关于道德信念的原因调查，让我们对这些信念的道德成分产生疑问。

（4）关于儿童道德的心理研究显示，人类具有“道德本能”或“天生就有道德感”的主张，一点也不清楚。

（5）就道德系统所进行的比较人类学研究，让人认为在道德与宗教或社会成规之间，不尽然能划出清楚的界限。

今后这些材料就形成道德实验哲学的“数据库”，结合哲学思考与经验科学研究的工作，当然我们不能事先知道它会让我们看到怎样的结果。

一开始，我的想法是，不必因为这类工作针对的是事实，而不是规范或价值，事先认定这些工作绝对无法用来阐明道德哲学的问题，也不需要假定在事实研究与规范或价值研究之间，有无法逾越的鸿沟。

这些工作经过更深入的检视之后，我现在认为，我之前的开放态度不是没有道理。

如今看来，道德实验哲学已经帮助我们了解如下事项：

（1）德行伦理学建立在“道德人格”这个含混的观念基础上。

（2）道德本能的存在一直没办法证明。

（3）道德、社会与宗教三者之间的界限并不明显。

（4）求助于道德直觉以支持道德理论的方法并不可靠。

道德实验哲学可以让我们理解，在道德哲学的各个概念与方法之中，没有什么是不会引起争议、不会受到反复检验的。对那些想要在道德哲学领域进行真正研究的人而言，这样的结果不能忽视。

我们能因而了解，道德争论不是完全非理性的。概念上的批评，对偏见进行反复讨论，交互讨论逻辑推理，尊重事实，经由这些能让道德哲学的讨论不断进步。

德行与道德本能

有两个古老的理论隆重跨进了当前的讨论之中：受到亚里士多德启发的德行伦理学，以及道德感的理论。这些理论主张与生俱来的道德本能，它为我们这个物种和其他某些物种所特有。

这些理论不见得彼此相容。

德行伦理学表示，借由教育、观察与模仿，有可能产生足堪表率的道德人格。从道德的角度来看，重点不在于德行是不是与生俱来，而是它变成某种“第二天性”，提供一套不需要再三考虑就能运作的思考与行动的习惯。

至于道德感的理论，则是假设有与生俱来的道德能力存在，同时认为时间和有利道德发展的环境，可以让它从潜在转为实际存在。

这两个道德发展的构想不一定互相矛盾。除非某个主张德行伦理学的人认为，完全不必假设我们有任何与生俱来的能力，也可以解释我们如何取得“道德习惯”，那么它们就会毫不兼容。

根据德行伦理学，完全可以主张“道德习惯”记录在“白纸”之上，意思是指我们的心灵极度可塑，没有任何关乎好或坏的“自然”素质，一切都掌握在技艺高强的教育家手中，也就是善用胡萝卜与棍子的教育家。

道德实验哲学还帮忙回答了另一个疑问：这些理论的假设基础是否已经建立完毕？

德行伦理学建立在模范“道德人格”存在的想法上，但是在某些称为“情境论者”的心理学家看来，正是这个“人格”的想法很有问题。根据他们的说法，没有人会在所有的情境中都很有趣、很慷慨或很勇敢。以某个“个性”来为人下定义，并以该个性的表现来解释那个人的行为，来自把个人视为全体，并从这个整体来评断人的倾向。这种“全体论”没有任何特别理性的部分，因为它在种族歧视、性别歧视或仇外的批评中也会出现。建立在“人格”观念上的德行伦理学，能够经得起以上这些反对意见吗？要是它想保持目前拥有的影响力，就必须尝试一下了。

道德感的理论没能清楚答复它们自己提出来的问题。在我们的道德判断与行为中，哪一部分是学来的？哪一部分是天生的？我们能从方法论或概念分析上找到什么工具，去驳斥那些认为道德判断与道德行为完全是由奖惩学习而来的想法吗？目前真的还没有这个能力。

道德、社会、宗教

在最近而且结构最好的道德发展理论中，有个主张表示，我们在年纪很小的时候，就能在三个领域之间作出区别：

(1)道德领域：我们普遍会排斥含有危害他人的行动。

(2)成规领域：我们会排斥某些不见得会损害他人的行动，像是吃猪肉，或是穿粉红色的衣服参加葬礼。这些规则只对特定社群起作用，而且由经文或权威人士的发言加以说明或保证过。

(3)私人领域：被视为只和自己本身有关，由每个人的喜好或价值观所决定(例如，喜爱哪种运动、佩戴哪种饰品)。

从儿童时期到进入成年阶段，区别这三个领域的能力，会在发展道德观的过程中越来越精细，但这个能力在年纪很小的时候就已经出现了。

重要的是，根据这个理论，早熟的道德感会在面对损害他人的行动时，表现出负面反应。这么看来儿童很自然地属于“最低限度的要求者”，对他们而言，整个伦理学只需要考虑不要危害他人即可。

目前有为数不少的研究在测试这个建构的有效性。其中发展出完全相反的“最大限度”的假设，并接受经验科学检验。

这个假设表示，我们很早就发展出一种倾向，会把各种行为评定为不道德，即使这些行为并不具有明确的受害者：亵渎、自杀、取用不洁的食物、伤风败俗的穿着、对待自己身体的方式，以及其他种种行为。

大部分与性行为以及饮食（不能吃猪肉、软体动物等）有关的禁令，对遵守它们的人来说，就是普遍的禁令与义务，也就是说和道德规范一样。关于自身（剃光头、蓄须、不喝含酒精饮料、不吸大麻等）或死者（必须或不能土葬等）的义务也一样。

总结这场论战，可以说是两个阵营的对抗，最大限度要求者对抗最低限度要求者。

对最大限度要求者而言，我们的基本道德很丰富。我们很早就发展出某种倾向，把各种“没有受害者的过错”评定为不道德。我们不会清楚区分什么是道德的、社会的与宗教的。

在最低限度要求者看来，我们的基本道德很少。它只排斥故意造成他人损害的行为，并且以清楚而普遍适用的方式，去区别道德的、社会的与宗教的。

为了了解从规范性的角度看来，哪一个才是最好的理论，哲学家原则上都掌握了必要的方法。不过他们非常清楚在论证中要考虑到经验科学的争议，最起码要对努力的方向有个概念，这样才能让他们所主张的规范得以实行。

如果基本道德很少，属于最低限度，就必须实行可观的社会工作，才能把我们转变成说教者，以不容忍的态度面对和我们不同的生活方式，总要去管别人的事。

如果基本道德很丰富，属于最大限度，那也必须实行可观的社会工作，才能把我们转变成自由主义者，以宽容的态度面对和我们不同的生活方式，尊重别人的隐私。

道德直觉

支持重要的道德理论时，会依循以下协议：

(1)创立奇怪的思想实验来提高我们的道德直觉。

(2)不合意的理论就说它是错的，因为它违背了这些道德直觉。

我觉得这么做的可靠性令人怀疑，因为它有认识论方面的限制：

(1)直觉是原始的事实，可以赋予各式各样的诠释。总是有可能找出一种诠释，让我们想要辩护的理论不动如山。

(2)两个彼此不兼容的理论，可以和同样的直觉完全兼容，只要我们能找到适当的观点与解释。求助于直觉不能让我们判断哪一个理论比较好。

认识论方面的限制，一点也不妨碍我们去找其他辩驳的方法，例如让内在的矛盾变得很明显，或是其他的判断标准，例如简单性或一致性。不过这意味着，不可能求助于直觉来评定两个对立的理论是否为简单而一致的。

我认为，我们不应该因这个结果而感到气馁，进而在面对道德思想时接受极端的怀疑论。

求助于直觉所带来的认识论的限制，应该把我们引向多元论才对，也就是具有好几个合理的道德构想，它们之间一直存在的对立并不全是缺点。从有利的方面来看，这种对立能防止我们把道德过于简单化。多亏有它，每个理论能逐渐变得更复杂、更精细，更清楚理论本身的限制及该理论合理的参与领域。

可想而知，如果渴望建立道德，就很难心悦诚服地接受上述的前景；建立道德，意思是指提出独一无二的最终原则，不可动摇且经久不变，可以用理智去把道德信念形成的不协调的整体，安稳建立在这个原则上。

不过，为什么要尝试"建立道德"呢？为什么要认为，我们应该做得更多，或我们可以做得更多，而不是借由哲学批评，在去除最荒谬与最有偏见的信念的同时，尝试改善一下我们的道德信念呢？

词　汇

相容论—不相容论

有没有可能把下面两者协调起来：一边是我们所知道的人类行为，就像所有属于自然世界的事物一样，遵循那些我们无力改变的自然法则；另一边是我们对人类的评断，也就是人类是自由的，并且必须为自己的行动负责。如何才能让这些互相矛盾的想法并存：我们是自由的，同时又服从自然的决定论？

要表明自由与决定论并非不兼容，有一个方法是让人们注意到，自由的行动并不是疯狂的、随意的、没有理由的行动，而是由出自我们内心的理由所引起或决定的，也就是自愿的行动。不过“不兼容论者”表示，自由不只是为了自己本身的理由行动，同时要有能力选择自己的理由。然而他们认为人没有这个能力。

另外一个尝试解决冲突的方法则是认为，我们对决定论与对自由的信念，完全可以共存而不会自相矛盾，因为这些属于生命中完全不同的面向。一方面我们知道，确实有理由相信我们服从某些自己无法改变的力量，但同时，对于我们所做的事，或对别人所做的事，我们不可避免会有喜悦、愤怒与义愤的情绪反应，就好像我们和别人其实是自由的。要是有人认为能够消除这些情绪，就太荒谬了。

不过“不兼容论者”永远能反驳，说我们面对自己或别人所做的事，所产生的喜悦、愤怒与义愤的情绪反应，不过是非理性的，而且不应该影响我们的判断。

后果论

对后果论者而言，合乎道德不是盲目遵从某些行动上的绝对约束，例如禁止我们只把人当作工具。而是看重整体，让世界上产生最多的善或最少的恶。而且，如果必须摆脱所谓的道德约束才能达到这个目的，那就这么去做。然而后果论并没有硬性定义什么是善，好几个后果论的构想在这方面都不太一样，其中最著名的是效益主义，它认为善就是快乐，或每个人的偏好得到满足。不过，后果论者也会建议要鼓励友爱与基本权利。然而这些好处都能列入我们的盘算吗？努力使“世界上产生最多的友情”，是什么意思？难道是要我们牺牲几个朋友，以便获得更多的朋友总数？在基本权利上也有同样的问题，我们能允许侵犯一些基本权利，以便获得更多的权利总数吗？然而，不能加以侵犯与违背，正是基本权利的性质。后果论是不是真的能将这些纳入它的体系？

无受害者的犯罪

有些行动被视为犯罪，但其实没有造成任何人任何未经同意的损害。这类行动包含成人之间自愿的各种关系（乱伦、同性恋、性交易）、侵害抽象的存在物（亵渎神明或祖先），以及以自身为目标的行动（自杀、清洁、剃光头、蓄须）。

义务论

义务论（义务论 deontology 中的 deon 来自希腊文的“义务”）者认为，我们的行动受到某些绝对的约束，这世上有我们永远不应该做的事：“不说谎”“永远不能只把人当成工具”，就属于这类约束。

康德学说的道德，是严格的义务论道德的典型。不过也有要求不那么高的义务论道德学说，它接受在行动上违反约束，以避免过度侵犯每个人的良好生活。这不就可以证明，严格遵守任何约束，不质疑它们对每个人的良好生活有什么影响，多少有些不理性？

双重效应

一般认为，这个道德学说由多玛斯·阿奎那所定型。

该学说指出行动的效应可以是好的，也可以是坏的，而行动本身则可能是好的，或者不好也不坏。

想象一下有支残暴的军队发起一场毫无理由的战争，它的参谋总长藏身的防空洞遭到轰炸，洞里也躲着一些平民。效应之中有一个是好的（消灭不正义的侵略者），它是行动的目标，策划轰炸的负责人想要的结果。另外有个效应是坏的（杀死了无辜的平民），策划行动的人也预想到了这一点，它是无法避免的“附带效应”，但它不是行动的目标，不是策划轰炸的负责人想要的结果，甚至没有被看作达成目标的手段。根据双重效应原则，道德上允许在这些情况中执行具有两个效应的行动（坏的效应并不是原先想要的，既不是目的也不是手段）。但必须加上一点，就是行动造成的损害（例如，上述案例中的无辜受害者）并没有不成比例。

不过此一学说一直引起许多争议。在后果论者眼中，它是错的：残杀平民是由某个意图良好的行为造成的附带效应、残杀平民是达成特定目标的手段，以及残杀平民这件事本身，三者之间没有任何意义重大的道德差异。义务论者认为它有点混淆，还不如直接说永远不要只把人当作工具来得简单明了。而德行伦理学的支持者则说，我们不是那么赞成以提供援助为理由去造成损害，以致无法照单接受双重效应原则。

应用伦理学

大体而言，应用伦理学是从道德的角度，评论在公共辩论中出现的一些论证，尤其是和这些行为的领域有关：自然生态、动物、生物医学、性关系、全球正义，等等。这些评论可以以现存道德理论的原则为标准（效益主义、康德学说或其他），但不是非这么做不可。在应用伦理学的领域中，遵守前后一致的一般性原则与深刻理解特定领域（例如关于卫生或环境），是某些哲学家偏好的做法，而不是盲目运用一般性原则。应用伦理学的研究，有时会让我们重新检验这些道德理论的原则。

规范伦理学

规范伦理学是要建立规范。它探讨什么是必须做的事，什么是好的或坏的、正当或不正当的。目前它的重心围绕着一场广泛的争论，内容是关于三大理论的正确形式与价值：义务论、后果论和德行伦理学。这门学说可概括表现为以下几个问题：什么是道德理论？我们真的需要一个道德理论，才能提出正确的道德判断、行事才会适当吗？如果我们有这个需要，哪一个才是最好的理论？用什么办法才能知道？

德行伦理学

德行伦理学或多或少是从亚里士多德那里得到启发。也有人称它为“卓越论”(aretaic, 来自希腊文 arete, 意思是“卓越”)。它主张道德上唯一重要的事，就是人格的完善，做个好人，个性要好，慷慨、仁慈、勇敢，等等。其余的，像是遵守伟大的原则，或为最大多数人谋最大福利之类，都在其次。由于这个道德学说并不告诉我们什么事情应该做，或什么应该是行动的目标，所以必须知道它在什么意义下算是道德学说。为了抵抗反对意见，德行伦理学的现代版表示，模仿“人格表率”的道德人物是必须做的事。暂且不论这个想法已经和亚里士多德的想法一点关系也没有了，因为亚氏从没说过善行在于模仿什么，现代版里面还有内在的逻辑问题。我们要根据什么标准来选择模范人物，决定他们在“道德上”足堪表率？必须选择甘地，或是拿破仑，还是杜斯妥也夫斯基笔下的某个角色？难道不是应该事先知道什么是道德的，才能作出好的决定吗？

伦理与道德

在非分析的道德哲学中，两者的区别很基本也很重要，但在分析的道德哲学中则不然，谈的是后设伦理学、规范伦理学与应用伦理学之间的区别（请见本篇对这三个学说的解说)。我们要说,伦理与道德之间的对立并不清楚。有时伦理涉及与自身的关系,道德涉及与他人的关系。有时伦理属于值得追求的方面,道德属于禁止的或强制遵守的方面。有时伦理属于批判与创新的方面,道德属于符合与一致。不过,一点也不受人际关系影响,或完全不理会禁止或义务的伦理,会是什么样子呢? 完全没有创新或批判的面向,或不理会什么东西值得追求的道德,又会是什么样子呢?

反思平衡

怎样才能合理证成一个道德判断,例如“奴隶制度是恶行”? 试图证成这些判断,最主要是会碰到无限后退(亦称“无限回归”)的困难:论点甲需要论点乙的支持,论点乙需要论点丙的支持,论点丙又需要论点丁的支持,如此一直延续下去……

基础主义者认为这样的后退是可以停止的。可以提出不证自明的重要基本原则(像是“人人生而平等”),也可以借助于知觉或情绪方面的基本经验(奴隶制度引起愤怒、义愤等)。

融贯论者质疑这个方法的有效性。他们认为“终极”证成纯属虚幻的想法,因为理智层面的自明是个模糊的观念,至于基本经验,也永远不能单独用来进行道德证成。至少必须加上规范性的理由，这些经验才能达成证成的功能。

对于融贯论者而言，尝试证成道德判断的唯一合理方式，在于指出它们可以属于一组融贯一致的判断，并形成一个整体。不过基础主义者也说，融贯论不过是循环论证以及系统谬误。世界上有太多在叙事上前后完全一致而整个系统出错的情形（间谍报告、神仙故事等）。罗尔斯提出一个称为“反思平衡”的方法，它的进行方式，是把有理性也能讲理的人所作的自发性判断，以及对重要的政治或道德原则的思考，两者互相调整。这是一种融贯论的版本，兼具了这个构想在证成道德想法上的优点与缺点。

事实与规范

大部分的哲学家都拒绝接受，理智上可以从实证性陈述（告诉我们大家在想什么或做什么），在不加上其他论证的情形下，直接跳到规范性陈述（告诉我们必须怎么想或怎么做）。所以，“从奴隶制度目前存在而且一直存在的事实，就能得出该制度应该存在”，这个陈述完全不合逻辑，内容错误。不过在许许多多的情境中，大家也认为可以从实证性陈述进入规范性陈述。奴隶制度无法满足人类最基本需求，这个事实提供了足够的理由，让大家觉得必须坚决而普遍废除这个制度。此外，“办不到的事别强人所难”，似乎也是每个人都接受的规则，而这条规则等于肯定从事实（办不到）进入规范（不应该）。

内在论——外在论

“内在论”一词在道德哲学中可以指两个不同的想法。判断的内在论表示，真正的道德判断必须伴随着某个符合该判断要求的行为动机。如果我诚恳地表示“让儿童饿死在赤贫国家是件坏事”，在内在论者眼中，我当然是以某种方式投入我的心力，尽我所能去改变这个状况。

外在论者不同意在我们的道德判断与动机之间有什么必然的关联。对他们而言，“我知道这是好事，但我没有任何意愿这么做”是完全可以理解的。他们认为这句话每天都能借由忧郁症（我仍然保有道德信念，但我失去了按照信念行事的动机），以及没有道德感（我知道这是好事，但我不在乎）的例子加以证实。不过我们也想知道，没有道德感这回事是否真的存在。知道一件事是好的，但不去做的人，是否真的知道那是好事？那是否涉及真正的知识？

存在的内在论告诉我们，在专属于个人的信念、欲望和情绪所组成的整体，也就是人的“动机系统”之外，不可能有其他的行为理由。可是，如果这个构想是正确的，那么种族歧视者没有任何理由以宽容的方式行事。因为这样的理由完全在他的“动机系统”之外。

道德直觉

它是自发性的道德判断，不是来自一般原则或道德理论的推理。根据另一种想法，它对每个人而言都是不言自明的、基本的道德判断，不需要用原则或理论支持。然而，我们是否有办法在我们众多的道德判断中，清楚区分哪些是自发的，哪些是推理的结果？

后设伦理学

后设伦理学的工作，是描述每个人与所有人的道德判断，并从哲学的角度将这些判断中最重要的性质梳理出来。它提出的问题属于语义学、本体论、认识论和心理学各方面。下面是几个最常讨论的问题。

“好”的或“正当”的，这些字眼指的是什么？能不能从事实判断推演出价值判断？怎样才算是给我们的道德判断提出合理辩护？我们所作的道德陈述可以是真的，或是假的吗？我们的道德判断必然含有行事动机吗？和物理或数学事实同样客观的“道德事实”是否存在？人们认为可以为道德提供“基础”的上帝、自然、理性、感情、社会，这些东西的价值在哪里？道德需要“基础”吗？在什么范围内，我们可以回答这些问题，而不用考虑道德哲学的另外两个分支：规范伦理学和应用伦理学？三者之间有明显的区分吗？

道德模块

模块是高度特殊化的心理机制，组织起来用最有效率的方式处理某些特定的问题：辨识形状、声音、气味、颜色、物体的质地或滋味，将声流切割成单字与句子，等等。模块的运作如同反射作用：无意识、快速，独立于我们的意识与意志之外。最重要的是，它不会受到信念或知识的渗透。即使我们知道两条线的长度相等，但要是它们的末端各具有方向相反的箭头，我们还是会看见某一条线比另一条长（称为“慕勒——莱尔错觉”）。

对于比较不严格的模块构想，某个心理机制不是非得表现出上述所有特性才能成为模块。我们完全可以构思出一些部署，它们不像感官部署那么难以让信念或知识渗入，但在功能上又足够特殊化，可以被视为模块。大家似乎只能以最不严格的模块构想来讨论道德模块。

认为有“道德模块”存在，等于假设我们具有某些“道德反射”，不过它们可以靠思想加以修改。一个不怎么严格的模块构想，是否还可以在我们的道德反应中区别出什么是“来自直觉的”道德反射，什么是有条理的道德思考结果？

滑坡论证

认为出现了滑坡论证，意思是如果我们容许某个道德价值有争论的行为（安乐死、胚胎研究、堕胎等），最终就必定要容许另一些行动，而这些行动在道德上是绝对且毋庸置疑必须受到谴责的：大规模清除穷人、弱者、难看的人、残障或晚期堕胎。如果我们不要获得这些无法接受的结论，一开始就不要让危险的滑坡出现，因为这是滑坡论证的必然走向。这个论点的难题在于，认为我们必定会从第一步走到最后一步，但那其实是个理由薄弱而站不住脚的猜想。

效益主义

后果论要求我们增加这世界的善，但没有说什么才是善。效益主义是后果论的一种形式，对什么是应该增加的善，提出了一个定义。对效益主义者而言，必须做的事就是努力让最大多数人获得最多的快乐（或是良好的身心状态、喜好获得满足）。这个目标或许可用两种方式锁定：

针对每个行动，就其为最大多数人提供最多快乐所作的贡献进行盘算，并以此作为评断行动好坏的标准（行为效益主义）。

不针对每个行动进行盘算，而是主张遵守某些一般性规则，像是“不要虐待他人”“不要说谎”。因为我们完全有理由认为，如果所有人都能遵守这些规则，就能为最大多数人提供最多快乐（规则效益主义）。

一般认为，相对于其他的道德构想，效益主义的优点是让我们能够用理性的方式讨论道德议题，不带有过多偏见。

不过，行为效益主义真有那么理性吗？它要求我们在着手一切行动前，先进行正面与负面效应的盘算。这种盘算是不是真能办到？或代价过高？至于规则效益主义，它要求我们遵守的那些合情合理的规则，老早就存在于我们的社会中。难道这些规则里就没有任何偏见？

参考书目

ANSCOMBE, G.E.M., *Who is Wronged?*, Oxford Review, 1967.

—*Modern Moral Philosophy*, dans Ethics, Religion and Politics.Collected Philosophical Papers.Volume Ⅲ, Oxford, Basil Blackwell, 1981.

—*War and Murder*, dans Ethics, Religion and Politics. Collected Philosophical Papers.Volume Ⅲ, Oxford, Basil Blackwell, 1981.

APPIAH, Kwame Anthony, *Experiments in Ethics*, Cambridge, Mass, Harvard University Press, 2008.

ARISTOTE, *Éthique à Nicomaque*, trad. J.Tricot, Paris, Vrin, 1983.

BAERTSCHI, Bernard,《Le dilemme du wagon fou nous apprend-il quelque chose de notre vie morale? 》(manuscrit).

—*La neuroéthique.Ce que les neurosciences font à nos*

conceptions morales, Paris, La Découverte, 2009.

—*La valeur de la vie humaine et l' intégrité de la personne*, Paris, PUF, 1995.

BARON, Marcia W., Philip PETTIT et Michael SLOTE, *Three Methods of Ethics*.A Debate, Londres, Blackwell, 1997.

BARON, R.A., *The Sweet Smell Of...Helping: Effects of Pleasant Ambient Fragrance on Prosocial Behavior in Shopping Malls*, Personality and Social Psychology Bulletin, 23, 1997.

BAUMARD, Nicolas, *Comment nous sommes devenus moraux.Une histoire naturelle du bien et du mal*, Paris, Odile Jacob, 2010.

BENOVSKY, Jiri, Le *puzzle philosophique*, Éditions d' Ithaque, 2010.

BENTHAM, Jeremy, *Introduction to the Principles of Morals and Legislation* (1789), chap.17, trad.par Alberto Bondolfi dans *L' homme et l' animal.Dimensions éthiques de leurs relations*, Fribourg, Éditions universitaires Fribourg Suisse, 1995.

BILLIER, Jean-Cassien, *Introduction à l' éthique*, Paris, PUF, 2010.

BONDOLFI, Alberto, *L' homme et l' animal.Dimensions éthiques de leurs relations*, Fribourg, Éditions universitaires

Fribourg Suisse, 1995.

BOONIN, David, *A Defense of Abortion*, Cambridge, Cambridge University Press, 2003.

BOROWSKI, Louis Ernest, Reinhold Berhnard JACHMANN et Ehrgott André WASIANSKI, *Kant intime*, éd.Jean Mistler, Paris, Grasset, 1985.

BOTTERILL, George, et Peter CARRUTHERS, *The Philosophy of Psychology*, Cambridge, Cambridge University Press, 1999.

BOUVERESSE, Jacques,《Les expériences de pensée en littérature et en philosophie morale: Mach-Wittgenstein-Platon-Cora Diamond》, dans *La connaissance de l' écrivain, Sur la littérature, la vérité&la vie*, Marseille, Agone, 2008.

BRINK, David O., *Moral Realism and the Foundations of Ethics*, Cambridge, Cambridge University Press, 1989.

BROWN, R., *Social Psychology*, 2 e éd., New York, MacMillan, 1986.

BROWNING, Christopher R., *Des hommes ordinaires: le 101 e bataillon de réserve de la police allemande et la solution finale en Pologne* (1992), trad.Élie Barnavi, Paris, Les Belles Lettres, 1994.

CAMPAGNA, Norbert, *Prostitution et dignité*, Paris, La

Musardine, 2008.

COPP, David, *Experiments, Intuitions, and Methodology in Moral and Political Theory*, texte présenté au *Molyneux' s Spring Seminar on Intuitions* à l' université de Californie, Davis, 2010.

COSMIDES, Leda, *The Logic of Social Exchange*, Cognition, 31, 1989.

COSMIDES, Leda, et John TOOBY, *Cognitive Adaptation for Social Exchange*, dans J.Barkow, L.Cosmides et J.Tooby, dir., The Adapted Mind, Oxford, Oxford University Press, 1992.

COVA Florian, *Qu' en pensez-vous? Introduction à la philosophie expérimentale*, Paris, Germina, 2011.

CRISP, Roger, et Michael SLOTE, dir., *Virtue Ethics*, Oxford, Oxford University Press, 1997.

DANIELS, Norman,《Reflective Equilibrium》, *Stanford Encyclopedia of Philosophy*, sur Internet (http://plato.stanford.edu/entries/reflective-equili-brium/).

—dir., *Reading Rawls.Critical Studies on Rawls' s《A Theory of Justice》*, Stanford, Stanford University Press, 1989.

DARLEY, J.M., et C.D.BATSON, *From Jerusalem to Jericho: A Study in Situational and Dispositional Variables in Helping Behavior*, Journal of Personality and Social Psychology, 27, 1973.

DAVIDSON, Donald, *Actions et événements* (1982), trad. Pascal Engel, Paris, PUF, 1993.

DE BRIGARD, Felipe, *If you like it, does it matter if it' s real?*, Philosophical Psychology, 23, 1, 2010.

DIAMOND, Cora, *What if x isn' t the number of sheep? Wittgenstein and Thought-Experiments in Ethics*, Philosophical Papers, vol.31, no 3, novembre 2002.

DORIS, John M., *Lack of Character.Personality and Moral Behavior*, Cambridge, Cambridge University Press, 2002.

DORIS, John M., et Jesse J.PRINZ, *Kwame Anthony Appiah: Experiments in Ethics*, Notre Dame Philosophical Reviews, 10 mars 2009.

DWORKIN, Ronald, *Life' s Dominion.An Argument about Abortion, Euthanasia and Individual Freedom*, New York, Vintage Books, 1994.

FAUCHER, Luc,《Les émotions morales à la lumière de la psychologie évolutionniste: le dégoût et l' évitement de l' inceste》, dans Christine Clavien, dir., *Morale et évolution biologique; entre déterminisme et liberté*, Presses Polytechniques Universitaires Romandes, 2007.

FERRY, Luc, *Le nouvel ordre écologique.L' arbre, l' animal et l' homme* (1992), Livre de poche.

FLANAGAN, Owen, *Psychologie morale et éthique* (1991), trad.Sophie Marnat, Paris, PUF, 1996.

FODOR, Jerry,《Pourquoi nous sommes si doués dans la détection des tri cheurs》, appendice à *L' esprit, ça ne marche pas comme ça* (2000), trad. Claudine Tiercelin, Paris, Odile Jacob, 2003.

—*Modules, Frames, Fridgeons, Sleeping Dogs and the Music of the Spheres*, dans Jay Garfield, dir., Modularity in Knowledge Representation and Natural Language Understanding, Cambridge, Mass., MIT Press, 1987.

—*La modularité de l' esprit* (1983), trad.Abel Gerschenfeld, Paris, Minuit, 1986.

FOGELMAN, E., *Conscience and Courage: Rescuers of Jews during the Holocaust*, New York, Doubleday, 1994.

FOOT, Philippa, *Killing and Letting Die*, dans J.Garfield et P.Hennessey, dir., Abortion: Moral and Legal Perspectives, Amherst, University of Massachusetts Press, 1984.

—《Le problème de l' avortement et la doctrine de l' acte à double effet》(1967), trad.Fabien Cayla, dans Marc Neuberg, dir., La responsabilité.Questions philosophiques, Paris, PUF,

1997.

—*Morality as a System of Hypothetical Imperatives*, The Philosophical Review, vol.81, no 3, juillet 1972.

FRANCIONE, Gary,《Prendre la sensibilité au sérieux》(2006), dans *Philosophie animale.Différence, responsabilité et communauté*, textes réunis par H.S.Afeissa et J.-B.Jeangène Vilmer, Paris, Vrin, 2010.

GARFIELD, Jay, *Modularity*, dans Samuel Guttenplan, dir., A Companion to the Philosophy of Mind, Oxford, Basil Blackwell, 1994.

GENDLER, Tamar Szabo, *The Puzzle of Imaginative Resistance*, The Journal of Philosophy, vol.97, no 2, février 2000.

GENSLER, Harry J., *Questions d' éthique.Une approche raisonnée de quelques perspectives contemporaines* (1998), adaptation française Michel Paquette, trad.Marie-Claude Desorcy, Montréal, Chenelière-McGraw-Hill, 2002.

GIBBARD, Alan, *Sagesse des choix, justesse des sentiments.Une théorie du jugement normatif* (1990), trad. Sandra Laugier, Paris, PUF, 1996.

GLOVER, Jonathan, *Causing Death and Saving Lives*, Penguin Books, 1977.

GOFFI, Jean-Yves,《Le principe des actions à double effet》, dans Jean-Yves Goffi, dir., *Hare et la philosophie morale, Recherches sur la philosophie et le langage*, no 23, 2004.

—*Penser l' euthanasie*, Paris, PUF, 2004.

GOSSERIES, Axel, *Penser la justice entre les générations. De l' affaire Perruche à la réforme des retraites*, Paris, Aubier, 2004.

GREENE, Joshua, *From neural "is" to moral "ought": what are the implications of neuroscientific moral psychology?*, Nature Reviews.Neuroscience, vol.4, octobre 2003.

GREENE, Joshua D., R.Brian SOMMERVILLE, Leigh E.NYSTROM, John M.DARLEY et Jonathan D.COHEN, *An fMRI Investigation of Emotional Engagement in Moral Judgment*, Science, 293, no 5537, 14 septembre 2001.

GRIGGS, R.A., et COX, J.R., *The Elusive Thematic-Materials Effect in Wason' s Selection Task*, British Journal of Psychology, 73, 1982.

GUICHET, Jean-Luc,《Questions contemporaines d' anthropologie et d' éthique animale: l' argument antispéciste des cas marginaux》(non paru).

HAIDT, Jonathan, *The Emotional Dog and its Rational*

Tail.A Social Intuitionist Approach to Moral Judgment, Psychological Review, 108, 2001.

HAIDT, Jonathan, et F.BJORKLUND, *Social Intuitionists Answer Six Questions about Moral Psychology*, dans W.Sinnott-Armstrong, dir., Moral Psychology, vol.2, The Cognitive Science of Morality: Intuition and Diversity, Cambridge, Mass., The MIT Press, 2008.

HAIDT, Jonathan, et Craig JOSEPH, *The Moral Mind: How Five Sets of Innate Intuitions Guide the Development of Many Culture-specific Virtues and Perhaps Even Modules*, dans P.Carruthers, S.Laurence et S.Stich, dir., The Innate Mind, Oxford, Oxford University Press, 2007.

HAIDT, Jonathan, S.H.KOLLER et M.G.DIAS, *Affect, Culture and Morality, or Is It Wrong to Eat Your Dog?*, Journal of Personality and Social Psychology, vol.5, no 4, 1993.

HANEY, C., W.BANKS et P.ZIMBARDO, *Interpersonal Dynamics of a Simulated Prison*, International Journal of Criminology and Penology, 1, 1973.

HARE, Richard M., *Why I Am only a Demi-vegetarian*, dans Dale Jamieson, dir., Singer and his Critics, Londres, Blackwell, 1999.

HARMANN, Gilbert, *The Nature of Morality*, New York,

Oxford University Press, 1977.

HAUSER, Marc, Fiery CUSHMAN, Liane YOUNG, R.KANG–SING JIN et John MIKHAIL, *A Dissociation between Moral Judgments and Justifications*, Mind & Language, 22, février 2007.

HIRSCHFELD, Lawrence A., Introduction à L.A.Hirschfeld et Susan A.Gelman, dir., *Mapping the Mind: Domain Specificity in Culture and Cognition*, Cambridge, Cambridge University Press, 1994.

HOBBES, Thomas, *Leviathan* (1651), trad. François Tricaud, Paris, Sirey, 1971.

HONDERICH, Ted, 《Compatibilisme et incompatibilisme》, dans *Êtes–vous libre? Le problème du déterminisme* (2002), trad. Nadège D.Renaud et Édouard Guinet, Paris, Syllepse, 2009.

HUME, David, *Traité de la nature humaine* (1739–1740), III: *La morale*, trad. Philippe Saltel, Paris, GF, 1993.

IACUB, Marcela, 《Le législateur et son scalpel.Le corps humain dans les lois bioéthiques》, dans *Le crime était presque sexuel et autres essais de casuistique juridique*, Paris, Champs–Flammarion, 2003.

IPSOS, *Enquête maternité*, 2009.

ISEN, A.M., et P.F.LEVIN, *Effect of Feeling Good on Helping; Cookies and Kindness*, Journal of Personality and Social Psychology, 21, 1972.

KAMM, F.M., *Moral Intuitions, Cognitive Psychology, and the Harming-versus-Not-Aiding Distinctions*, Ethics, vol.108, no 3, avril 1998.

KANT, Emmanuel, *Fondement de la métaphysique des mœurs* (1785), trad.Victor Delbos, revue par Alexis Philonenko, Paris, Vrin, 1980.

—*Critique de la raison pratique* (1788), trad. L.Ferry et H.Wisman, Paris, Gallimard, 1985.

—《Sur un prétendu droit de mentir par humanité》(1797), dans *Théorie et pratique.Droit de mentir*, trad. L.Guillermit, Paris, Vrin, 1994.

KITCHER, Philip, *Biology and Ethics*, dans David Copp, dir., The Oxford Handbook of Ethical Theory, New York, Oxford University Press, 2005.

KNOBE, Joshua, *The Concept of Intentional Action.A Case Study in the Uses of Folk Psychology*, dans Joshua Knobe et Shaun Nichols, dir., Experimental Philosophy, Oxford, Oxford University Press, 2008.

KNOBE, Joshua, et Shaun NICHOLS, dir., *Experimental*

Philosophy, Oxford, Oxford University Press, 2008.

KOHLBERG, Lawrence, *My Personal Search for Universal Morality*, Moral Education Forum, vol.11, no 1, 1986.

LARMORE, Charles,《L' hétérogénéité de la morale》, chap.4, *Modernité et morale*, Paris, PUF, 1993.

LATANÉ, B., et J.M.DARLEY, *The Unresponsive Bystander. Why Doesn't He Help?*, New York, Appleton century–Crofts, 1970.

LÉVI–STRAUSS, Claude, *Les structures élémentaires de la parenté*, Paris, PUF, 1949.

MACHERY, E., *The Bleak Implications of Moral Psychology*, Neuroethics, vol.3, no 3, 2010.

MANDLE, Jon, *Rawls's A Theory of Justice. An Introduction*, Cambridge, Cambridge University Press, 2009.

MARCUS, Ruth Barcan, *Moral Dilemmas and Consistency*, Journal of Philosophy, LXXVII, 3, 1980.

MEEUS, W.H.J., et Q.A.W.RAAIJMAKERS, *Obedience in Modern Societies: The Utrecht Studies*, Journal of Social Issues, 51, 1995.

MILGRAM, Stanley, *Soumission à l'autorité* (1974), trad.E.Molinié, Calmann–Lévy, 1974.

MILL, John Stuart, *La nature* (1874), trad.Estiva Reus, Paris, La Découverte, 2003.

—, *L'utilitarisme* (1863) .*Essai sur Bentham* (1838), trad.Catherine Audard et Patrick Thierry, Paris, PUF, Quadrige, 1998.

—, *De la liberté* (1859), trad.Fabrice Pataut, Paris, Presses Pocket, 1990.

—, *Whewell on Moral Philosophy* (1853), dans John Stuart Mill et Jeremy Bentham, Utilitarianism and Other Essays, Alan Ryan, ed., Penguin Books, 1987.

MONROE, K.R., *The Heart of Altruism: Perceptions of a Common Humanity*, Princeton, N.J., Princeton University Press, 1996.

MULGAN, Tim, *The Demands of Consequentialism*, Oxford, Oxford University Press, 2001.

NADEAU, Robert, *Vocabulaire technique et analytique de l'épistémologie*, Paris, PUF, 1999.

NAGEL, Thomas,《Guerre et massacre》(1972), dans *Questions mortelles*, trad.Pascal Engel et Claudine Engel-Tiercelin, Paris, PUF, 1983.

—, *Qu'est-ce que tout cela veut dire? Une brève introduction à la philosophie* (1987), trad.Ruwen Ogien,

Combas, L' Éclat, 1993.

NAHMIAS, Eddy, Stephen G.MORRIS, Thomas NADELHOFFES et Jason TURNER, *Is Incompatibilism Intuitive?*, dans Joshua Knobe et Shaun Nichols, Experimental Philosophy, dir., Oxford, Oxford University Press, 2008.

NOZICK, Robert, *Anarchie, État et utopie* (1974), trad. Évelyne d' Auzac de Lamartine, reprise par Emmanuel Dauzat, Paris, PUF, 1988.

NUCCI, Larry, *Education in the Moral Domain*, Cambridge, Cambridge University Press, 2001.

NUROCK, Vanessa, *Sommes-nous naturellement moraux?*, Paris, PUF, 2011.

NUSSBAUM, Martha *C., La connaissance de l' amour* (1990), trad. Solange Chavel, Éditions du Cerf, 2010.

OGIEN, Ruwen, *Le corps et l' argent*, Paris, La Musardine, 2010.

—*La vie, la mort, l' État.Le débat bioéthique*, Paris, Grasset, 2009.

—*L' éthique aujourd' hui.Maximalistes et minimalistes*, Paris, Gallimard, 2007.

—《Que fait la police morale?》, *Terrain*, 48, 2007.

—*La morale a-t-elle un avenir?*, Nantes, Pleins Feux,

2006.

—*Le rasoir de Kant et autres essais de philosophie pratique*, Paris-Tel-Aviv, Éditions de l' Éclat, 2003.

OGIEN, Ruwen, et Christine TAPPOLET, *Les concepts de l' éthique.Faut-il être conséquentialiste?* , Paris, Hermann, 2008.

OLINER, Samuel P., et Pearl M.OLINER, *The Altruistic Personality: Rescuers of Jews in Nazi Germany*, Londres, Collier, MacMillan, 1988.

PARFIT, Derek, *Reasons and Persons*, Oxford, Clarendon Press, 1984.

PENG Kaiping, John DORIS, Shaun NICHOLS et Stephen STICH, non publié, décrit dans John Doris et Alexandra Plakias, *How to Argue about Disagreement: Evaluative Diversity and Moral Realism*, dans Walter Sinnott-Arsmtrong, Moral Psychology, vol.2: The Cognitive Science and Morality: Intuition and Diversity, Cambridge, Mass., The MIT Press, 2008.

PIAGET, Jean, *Le jugement moral chez l' enfant*, Paris, PUF, 1932.

PINKER, Steven, *The Moral Instinct*, The New York Times, 13 janvier 2008.

—*Comment fonctionne l' esprit humain?* (1997), trad. Marie-France Desjeux, Paris, Odile Jacob, 2000.

PLATON, *La République*, trad.Georges Leroux, GF, Flammarion, 2004.

POINCARÉ, Henri, *Dernières pensées*, Paris, Flammarion, 1913.

POPPER, Karl, *La société ouverte et ses ennemis*, t.I: L' ascendant de Platon (1962), trad.Jacqueline Bernard et Philippe Monod, Paris, Seuil, 1979.

PRINZ, Jesse J., *Is Morality Innate?* , dans Walter Sinnott-Armstrong, dir., Moral Psychology, vol.1, The Evolution of Morality: Adaptations and Innateness, Cambridge, Mass., The MIT Press, 2008.

—*Resisting the Linguistic Analogy: A Commentary on Hauser, Young and Cushman*, dans Walter Sinnott-Armstrong, dir., Moral Psychology, vol.2: The Cognitive Science of Morality: Intuition and Diversity, Cambridge, Mass., The MIT Press, 2008.

—*The Emotional Construction of Morals*, Oxford, Oxford University Press, 2007.

PROVENCHER, Martin, *Petit cours d' éthique et politique*, Montréal, Chenelière éducation, 2008.

PUTNAM, Hilary, *Fait/valeur: la fin d' un dogme et autres essais* (2002), trad.Marjorie Caveribière et Jean-Pierre Cometti, Paris-Tel-Aviv, Éditions de l' Éclat, 2004.

QUINE, W.V.O, *Theories and Things*, Cambridge, Mass., Harvard University Press, 1981.

QUINN, Warren, *Actions, Intentions and Consequences: The Doctrine of Doing and Allowing*, dans Morality and Action, New York, Cambridge University Press, 1993.

RACHELS, James,《Tuer et laisser mourir de faim》(1979), trad. Dominique Buysse, dans Marc Neuberg, dir., *La responsabilité.Questions philosophiques*, Paris, PUF, 1997.

—《Euthanasie active et euthanasie passive》(1975), trad. Marc Rüegger, dans Alberto Bondolfi, Frank Haldemann et Nathalie Maillard, dir., *La mort assistée en arguments*, Chêne Bourg, Suisse, Georg éditeur, 2007.

RAWLS, John, *Théorie de la justice* (1979), trad. C.Audard, Paris, Seuil, 1987.

RAZ, Joseph, *The Amoralist*, dans Garrett Cullity et Berys Gaut, dir., Ethics and Practical Reason, Oxford, Clarendon Press, 1997.

REGAN, Tom, *The Dog in the Lifeboat: An Exchange*, The New York Review of Books, 25 avril 1985.

ROCHAT, F., et A.MODIGLIANI, *The Ordinary Quality of Resistance: From Milgram' s Laboratory to the Village of Le Chambon*, Journal of Social Issues, 51, 1995.

RUSSELL, Bertrand, *A History of Western Philosophy* (1946), Routledge Classics, 2004.

RYLE, Gilbert, *La notion d' esprit* (1949), trad.Suzanne Stern-Gillet, preface de Julia Tanney et Daniel Andler, Paris, Petite Bibliothèque Payot, 2005.

SCANLON, T.M., *Rawls on Justification*, dans Samuel Freeman, dir., The Cambridge Companion to Rawls, Cambridge, Cambridge University Press, 2003.

SCHEFFLER, Samuel, dir., *Consequentialism and Its Critics*, Oxford, Oxford University Press, 1988.

SCHWEDER, R.A., *The Psychology of Practice and the Pratice of the Three Psychologies*, Asian Journal of Social Psychology, 3, 2000.

SEARLE, John, *Les actes de langage* (1969), trad. Hélène Pauchard, Paris, Hermann, 1972.

SHANAB, M.E., et K.A.YAHIA, *A Cross-Cultural Study of Obedience*, Bulletin of Psychonomic Society, 11, 1978.

SINGER, Peter, *La libération animale* (1975), trad. Louise Rousselle revue par David Olivier de l' édition révisée (1990),

Paris, Grasset, 1993.

—*Questions d' éthique pratique*(1990), trad. Max Marcuzzi, Paris, Bayard, 1997.

—*Sauver une vie.Agir maintenant pour éradiquer la pauvreté*(2009); trad. Pascal Loubet, Paris, Michel Lafon, 2009.

SINNOT-ARMSTRONG, Walter, *Framing Moral Intuitions*, dans Walter Sinnott-Armstrong, dir., Moral Psychology, vol.2: The Cognitive Science of Morality: Intuition and Diversity, Cambridge, Mass., The MIT Press, 2008.

SMILANSKY, Saul, *Ten Moral Paradoxes*, Oxford, Blackwell Publishing, 2007.

SPERBER, Dan,《Défense de la modularité massive》, dans E.Dupoux, dir., *Les langages du cerveau*, Paris, Odile Jacob, 2002.

—《Remarques anthropologiques sur le relativisme moral》, dans Jean-Pierre Changeux, dir., *Les fondements naturels de l' éthique*, Paris, Odile Jacob, 1991.

STOCKER, Michael, *Plural and Conflicting Values*, Oxford, Clarendon Press, 1990.

STRAWSON, Peter, *Freedom and Resentment and Other Essays*, Londres, Methuen, 1974.

TAPPOLET, Christine, *Émotions et valeurs*, Paris, PUF, 2000.

TEC, N., *When Light Pierced the Darkness: Christian Rescue of Jews in Nazi Occupied Poland*, Oxford, Oxford University Press, 1986.

THOMSON, Judith Jarvis, *Turning The Trolley*, Philosophy and Public Affairs, 36, 2008, p.359–374.

—*Physician–Assisted Suicide: Two Moral Arguments*, Ethics, numéro spécial: Symposium on Physician–Assisted Suicide, 109, 3, avril 1999.

—《Le problème du tramway》(1985), trad. Fabien Cayla, dans Marc Neuberg, dir., *La responsabilité, Questions philosophiques*, Paris, PUF, 1997.

—*Killing Letting Die, and the Trolley Problem* (1976), dans Judith Jarvis Thomson, Rights, Restitution, and Risk. Essays in Moral Theory, William Parent, ed., Cambridge, Mass., Harvard University Press, 1986.

—*A Defense of Abortion*, Philosophy and Public Affairs, 1, 1, 1971.

TRANØY, K.E., *"Ought" Implies "Can" .A Bridge from Fact to Norm.Part I*, Ratio, 14, 1972.

TURIEL, Elliot, *The Development of Social Knowledge.*

Morality and Convention, Cambridge, Cambridge University Press, 1983.

—《Nature et fondements du raisonnement social dans l' enfance》, dans Jean-Pierre Changeux, dir., *Les fondements naturels de l' éthique*, Paris, Odile Jacob, 1991.

—*The Culture of Morality*, Cambridge, Cambridge University Press, 2002.

TVERSKY, Amos, et Daniel KAHNEMAN, *The Framing of Decisions and the Psychology of Choice*, Science, 221, 1981.

UNGER, Peter, *Living High and Letting Die*, Oxford, Oxford University Press, 1996.

WALDRON, Jeremy, *Right and Wrong: Psychologists vs Philosophers*, The New York Review of Books, 8 octobre 2009.

WALLIS, Claudia, *Baby Fae Stuns the World*, Time, 12 novembre 1984.

—, *Baby Fae Loses the Battle*, Time, 26 novembre 1984.

WEIL, Kari,《Liberté éhontée》, trad.Thierry Hoquet, Libérer les animaux? *Critique*, août-septembre 2009.

WILKES, Kathleen V., *Real People: Personal Identity Without Thought Experiments*, Oxford, Clarendon Press, 1988.

WILLIAMS, Bernard,《L' amoraliste》, dans *La fortune morale, trad.* Jean Lelaidier, Paris, PUF, 1994.

—《L' argument de la pente glissante》(1986), dans *La fortune morale*, trad. Jean Lelaidier, Paris, PUF, 1994.

—*Must a Concern for the Environnment be Centred on Human Beings?*, dans Making Sense of Humanity, Cambridge, Cambridge University Press, 1995.

—*Resenting One' s Own Existence*, dans Making Sense of Humanity, Cambridge, Cambridge University Press, 1995.

WOODS, John, et Douglas WALTON, *Critique de l' argumentation.Logique dessophismes ordinaires*, trad. M.F.Antona et alii, coordonnée par Christian Plantin, Paris, Kimé, 1992.

ZAMZOW, Jennifer, et Shaun NICHOLS, *Variations in Ethical Intuitions*, Philosophical Issues, 19, 2009.

谢　辞

我要特别感谢：

Patrick Savidan，他对这个写作计划有信心，从头到尾都很支持，表现出他的专长、慷慨与友谊，协助我确定了本书的形式。

Maryline Gillois，感谢她一直都很正确的看法，无尽的深情拥护。Albert Ogien、Jacky Katuszewski、Val

图书在版编目 CIP 数据

面包香里读哲学：17堂奇思妙想的思想实验课 / (法) 胡文·欧江著；马向阳译. -- 北京：法律出版社, 2021

ISBN 978-7-5197-5919-3

Ⅰ.①面… Ⅱ.①胡… ②马… Ⅲ.①道德 - 实验 Ⅳ.①B82-33

中国版本图书馆CIP数据核字(2021)第183076号

面包香里读哲学
——17堂奇思妙想的思想实验课
MIANBAOXIANGLI DUZHEXUE
—17 TANG QISIMIAOXIANG DE SIXIANG SHIYANKE
［法］胡文·欧江 著
马向阳 译

策划编辑 高 山
责任编辑 高 山 许莹洁
装帧设计 贾丹丹

出版发行 法律出版社
编辑统筹 学术·对外出版分社
责任校对 王晓萍
责任印制 陶 松
经 销 新华书店

开本 A5
印张 11.375 **字数** 235千
版本 2021年12月第1版
印次 2021年12月第1次印刷
印刷 天津嘉恒印务有限公司

地址：北京市丰台区莲花池西里7号(100073)
网址：www.lawpress.com.cn
投稿邮箱：info@lawpress.com.cn
举报盗版邮箱：jbwq@lawpress.com.cn
销售电话：010-83938349
客服电话：010-83938350
咨询电话：010-63939796

书号： ISBN 978-7-5197-5919-3 **定价：** 69.00元
凡购买本社图书，如有印装错误，我社负责退换。电话：010-83938349